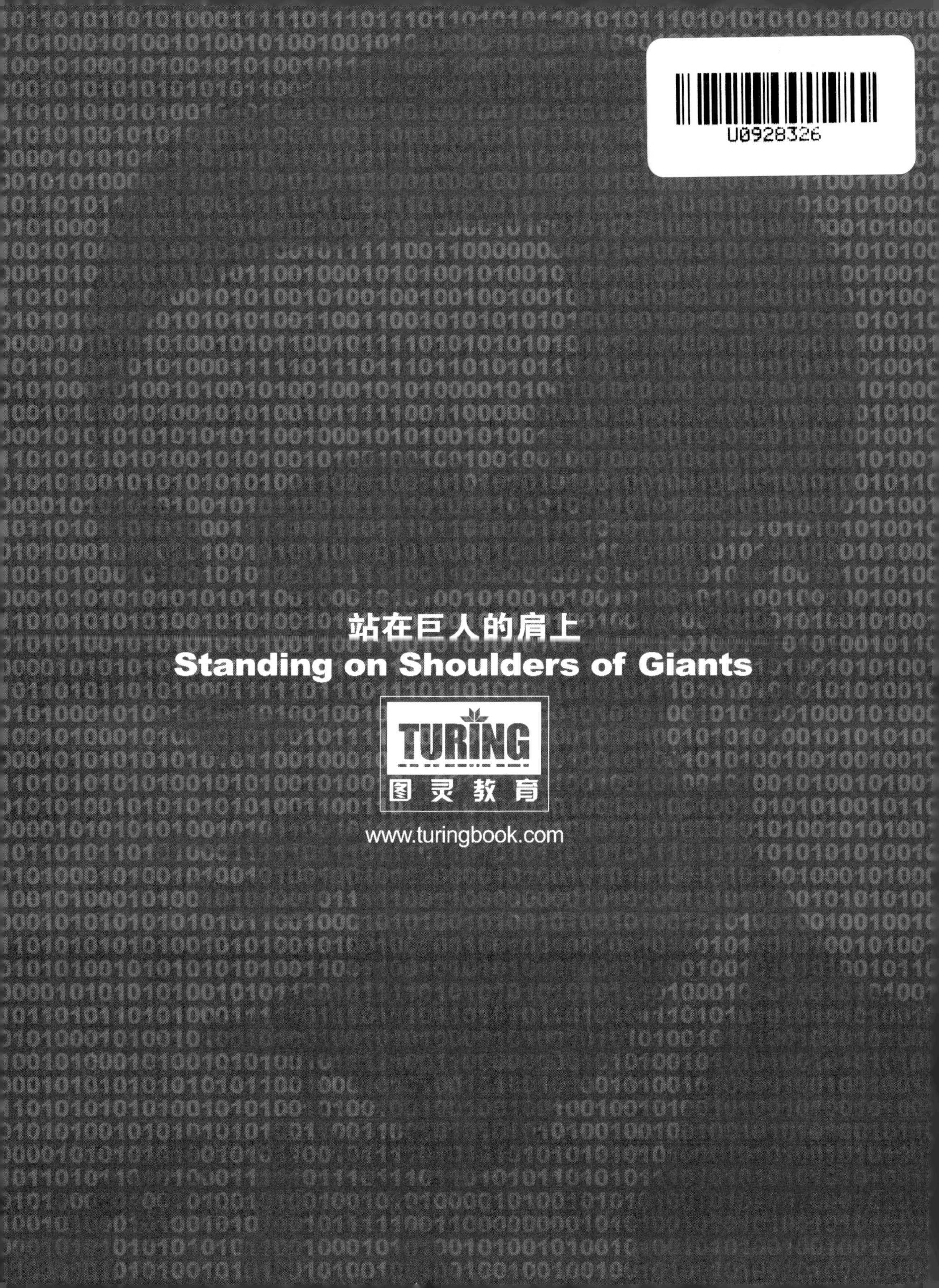

U0928326
站在巨人的肩上
Standing on Shoulders of Giants
TURING
图灵教育
www.turingbook.com

站在巨人的肩上
Standing on Shoulders of Giants
TURING
图灵教育
www.turingbook.com

TURING 图灵程序设计丛书 移动开发系列

iPhone Cool Projects

Learn the Coding Secrets of Master iPhone Designers and Developers

精彩iPhone炫酷开发

七位一线高手的编程和设计范例

Gary Bennett Wolfgang Ante Mike Ash

[美] Benjamin Jackson Neil Mix Steven Peterson 著

Matthew "Canis" Rosenfeld

苏金国 王小振 等译

人 民 邮 电 出 版 社

北 京

图书在版编目（C I P）数据

精彩iPhone炫酷开发 ：七位一线高手的编程和设计范例 / （美）贝内特（Bennett,G.）等著 ；苏金国等译. -- 北京 ：人民邮电出版社，2010.10
（图灵程序设计丛书）
书名原文：iPhone Cool Projects: Learn the Coding Secrets of Master iPhone Designers and Developers
ISBN 978-7-115-23651-7

Ⅰ. ①精… Ⅱ. ①贝… ②苏… Ⅲ. ①移动通信—携带电话机—应用程序—程序设计 Ⅳ. ①TN929.53

中国版本图书馆CIP数据核字(2010)第167922号

内 容 提 要

本书共分7章，分别由7位iPhone开发专家执笔，他们从自身专业领域的角度，围绕7个流行的iPhone项目介绍了开发创意应用和优化应用的实用技巧，主要内容包括游戏设计、网络支持、多线程、高级手势、游戏开发、流式音频和技术集成等高级主题。

本书适合所有iPhone应用开发人员学习参考。

图灵程序设计丛书

精彩iPhone炫酷开发

七位一线高手的编程和设计范例

◆ 著　[美] Gary Bennett　Wolfgang Ante　Mike Ash
Benjamin Jackson　Neil Mix　Steven Peterson
Matthew “Canis” Rosenfeld

译　苏金国　王小振　等

责任编辑　朱　巍

执行编辑　毛倩倩

◆ 人民邮电出版社出版发行　北京市崇文区夕照寺街14号

邮编　100061　电子函件　315@ptpress.com.cn

网址　http://www.ptpress.com.cn

北京捷迅佳彩印刷有限公司印刷

◆ 开本：800×1000　1/16

印张：12.75

字数：268千字　2010年10月第1版

印数：1－4 000册　2010年10月北京第1次印刷

著作权合同登记号　图字：01-2010-1456号

ISBN 978-7-115-23651-7

定价：59.00元

读者服务热线：(010)51095186　印装质量热线：(010)67129223

反盗版热线：(010)67171154

版权声明

谨以此书献给我的妻子和孩子，还有一直以来信任我的朋友们。另外，感谢我的朋友 Greg Stanley，是他让我体会到积极思考、谦逊处事的重要性。

对此，我感激不尽。

——Gary Bennett

献给我的祖父 Bernard Cohn，是他赠给我第一台苹果计算机。

——Benjamin Jackson

我要感谢我的妻子 Sarah 和儿子 Henry，感谢他们鼓励我投入时间和精力构建 Pandora Radio 以及参与编写本书。我还要感谢 Pandora 的成员，他们成就了最棒的团队，我们曾一起度过了最美好的时光。没有他们，Pandora Radio 绝无可能问世。

——Neil Mix

献给我的父母，Pam 和 John：你们一直都是我最狂热的“粉丝”。

——Steven Peterson

向 Scary 致以我无尽的爱和谢意。

——Matthew “Canis” Rosenfeld

译 者 序

如果你想开发益智游戏，想为游戏提供网络支持，想要了解在 iPhone 应用中如何实现多线程，想要探寻高级手势的奥秘……本书定会让你喜出望外。它就像魔法师，能够帮你实现心中的“七个愿望”。（没错，不只是传说中的“三个愿望”，是不是很超值？）

感谢图灵能够引进这一 iPhone 系列“水果书”，除了封面上诱人的水果让人垂涎欲滴，更让人欲罢不能的是书中的精彩内容，《iPhone 3 开发基础教程》如是，《iPhone 游戏编程实例》亦如是，而本书同样不会让大家失望。纵观全书，7 位资深开发人员将多年积累的经验毫无保留地娓娓道来。揽卷之余，我们也犹如站在了“巨人”的肩膀之上，一定能看得更高、更远！

本书共分 7 章，7 位作者分别从自己的专业领域出发，深入介绍了游戏设计、网络支持、多线程、高级手势、游戏开发、流式音频和技术集成中鲜为人知的秘诀，不仅使你对游戏定时器、XML 解析、音频、线程和手势等概念不再陌生，还将使你熟练掌握 iPhone 开发中网络协议、竞态条件、数据包和字节序等内容。特别值得一提的是，作者通过精彩示例将这些原本枯燥的概念生动具体地展现在我们面前，其讲述就像封面上的火龙果一样值得细细品味！

本书由苏金国、王小振主要翻译，并得到刘亮、王恒、王少轩、乔会东的大力协助。由于全书是多位不同风格的作者合作完成，这给翻译带来了一定的困难，尽管我们在文字上下了很大功夫，但肯定还会有不当之处，敬请读者批评指正。

致　　谢

本书是多位才华横溢的作者共同努力工作的卓越成果。每位作者各有侧重，针对最擅长的领域各自撰写了一章。书中饱含了他们多年的专业经验，你定能从中受益。希望你喜欢！

Apress 出版社优秀的工作人员也给我留下了深刻的印象，我相信他们出版的图书绝对是市场上最棒的。另外，他们还相当平易近人，其中很多人都已经成为我的好友。

我要感谢我们的“上将”Clay Andres，正因为有了他的高瞻远瞩和非凡能力，才有了我们这支出色的团队，才有了这本绝妙的书。尽管他实际上并不是一位上将，但这个称号绝对名副其实。我们的文字编辑 Heather Lang 和责任编辑 Douglas Pundick 为本书的高质量提供了保证。还要特别感谢 Laura Esterman 和 Dina Quan，他们在关键的时候出色地完成了本书的排版印刷流程。

最后，我要感谢 Michelle Lowman 联系 Clay Andres 和我，让我有机会参与这个令人难忘的项目。

——Gary Bennett

我要感谢 Ivan Neto、Benjamin Maslen 和 Rafael Cruz，感谢他们在 Arcade Hockey 项目上付出的辛勤工作，还要感谢我的父母 Lillian Cohn 和 Larry Jackson，感谢他们给我无尽的爱和支持。

——Benjamin Jackson

引　言

你肯定会爱上这本书！因为我自己就对它爱不释手，我通读了全书并检查了每一行代码，而且通读了两遍！

也许你像我一样，已经向 Apple 注册成为一名 iPhone 开发人员，阅读了一些文档，正在寻求帮助，希望更进一步。你可能已经读过《iPhone 3 开发基础教程》，认真地完成了书中所有项目的开发，而且能够读懂其中大多数内容。如果你还没有读过这本书，那么我在此向你强烈推荐。这本书非常棒，因为它将循序渐进地引导你学习构建 iPhone 应用的很多技术。可以说，这本书涵盖了大量基础知识。不过，书中实现的项目都相当简单，力求重点强调所介绍的技术内容。

既然已经迈出了第一步，现在就朝着目标勇往直前吧！

本书在《iPhone 3 开发基础教程》的基础上继续深入。这里的项目是专门为本书开发的，不过这些绝不是微不足道的轻量级应用。有些项目以实际交付的产品为基础，展示了如何将各种技术集成在一个聚合应用中。另外，一些项目涵盖了很有难度的主题，因此更有针对性。

这些项目展示了一些高级主题，包括游戏定时器、XML 解析、流式音频、多线程和识别高级手势，甚至包括如何使用 UDP 设计你自己的网络协议（以及这么做的原因）。你很快就会熟悉这些内容，能够讨论互斥锁（mutex）、竞态条件、套接字（socket）、数据包（packet）和字节序（endianness）[①]！

想要开发出引人入胜的游戏的人应该早就了解游戏引擎的重要性，但都苦于不知道如何起步。本书最后会提供一个在开源 cocos2d 游戏引擎基础上构建的游戏，并将非常详细地加以解释。

---

① endian 一词来源于乔纳森的小说《格列佛游记》。小说中，小人国为煮鸡蛋该从大的一端（Big-End）剥开还是小的一端（Little-End）剥开而争论，争论的双方分别被称为 Big-endians 和 Little-endians。字节序（endianness）是多字节数据在内存中的存储顺序。这个内容还会在第 2 章介绍。——译者注

书中各章都是成功开发人员多年个人经验的结晶，这些开发人员的技术水平令人肃然起敬。

简而言之，本书已经明确为你铺就了前进的道路。

本书读者对象

本书面向所有希望进一步了解 iPhone 和 iPod touch，以便能够解决更多难题并开发出更好应用的开发人员。也许你已经读过一本入门书，如 Dave Mark 和 Jeff LaMarche 所著的《iPhone 3开发基础教程》，也许你已经完成过一个简单的应用，正准备向开发旅程的下一站进发。

熟悉 Cocoa Touch、基本 Xcode 工具和 Objective-C 会很有帮助。此外，你还可以从很多书中获得帮助，包括 Dave Mark 所著的 *Learn C on the Mac*、Peter van der Linden 撰写的 *Expert C Programming*，以及 Mark Dalrymple 和 Scott Knaster 所著的《Objective-C 基础教程》。

总之，如果你希望为 iPhone 和 iPod touch 编写更好的应用，或者希望只花很少时间就能从精于此道的专业人士那里学到成功经验，本书恰能满足你的需要。

本书内容

本书由 Wolfgang Ante 开篇，他就是 Frenzic 益智游戏的作者。他将介绍这个游戏是如何开发的，并指导我们逐步创建一个类似的名为 Formic 的游戏。为了使游戏更加引人入胜，这里将用到定时器、动画和人工智能。如果你一直想编写一个游戏，但是苦于无从入手，这一章将提供你需要的指导，并让你从中获得灵感！

Rogue Amoeba 公司的 Mike Ash 将在第 2 章中解释如何使用 UDP 设计一个网络协议，并展示这个协议在一个对等应用中的使用。这个主题会让那些对这个领域心存畏惧的人敬而远之，不过 Mike 会以一种通俗易懂的方式解释有关技术，让我们这些“凡人”都能理解。我此前从未见过这个主题，所以这一章很让我“惊艳”。

Gary Bennett 在第 3 章中介绍了令人恐惧但很重要的多线程。尽管 iPhone 和 iPod touch 中的 CPU 不能与 Mac Pro 中的 CPU 相提并论，不过它们确实拥有强大的能力，常常希望有所作为。通过使用多线程，可以在后台处理其他任务的同时保持用户界面的响应性。Gary 展示了如何做到这一点，并强调了在此过程中要避免哪些陷阱。

Canis Lupus（又名 Matthew Rosenfeld）在第 4 章中描述了 Keynote 控制的应用程序 Stage Hand 的开发，他介绍了用户界面的演变历程，以及在这个过程中总结的经验教训。之后，他通过一个项目来展示有关知识，介绍了如何同时识别多个复杂手势，包括让对象因惯性而快速滑动和旋转。远程控制都应当如此方便。

Benjamin Jackson 在第 5 章为我们介绍了两个开源库：面向 2D 游戏的 cocos2d 和面向刚体物理学（想想“碰撞”）的 Chipmunk。他描述了一个桌面曲棍球游戏 Arcade Hockey 的开发，并解释了这个游戏中使用的一些代码。之后，Benjamin 会指导我们创建一个迷你高尔夫游戏。对于这些高深莫测的问题，如此清晰的指导绝对很有帮助。

处理流式音频看起来也充满了神奇色彩。我们很幸运，因为构建 Pandora Radio 的 Neil Mix 会在第 6 章展示这个神奇魔法背后的科学原理。如何调试你看不到的东西？Neil 将指导我们应对这些最困难的挑战，分享他的经验，告诉我们哪些做法奏效而哪些方面需要注意。音频的有关内容很难，他能将如此困难的主题解释得如此清楚真是让人钦佩。这里展示的一些技术也可以用于非音频应用。

本书最后的第 7 章由 Steven Peterson 执笔，介绍了更宽泛的 iPhone 技术集成。他充分结合 Core Location、网络、XML、XPath 和 SQLite，构建了一个可靠而且相当有用的应用。游戏确实很有意思，不过对于非游戏玩家来说，这一章创建的应用才会让他们对 iPhone 着迷。你之前可能已经见过这些技术，在本书中你将了解如何将它们集成在一起。

软件开发是一件很难的事。尽管入门书可以打基础，但是理解下一步要做什么的难度也不小。本书展示了如何集成多种技术，建立一个完备的应用。另外，这里介绍的很多主题都是公认的大难题。要多读几遍这些章节，以备后用。

这里的每一章都很有趣，我就得到了颇多收获。相信你也一样！

技术顾问 Glenn Cole

目　录

Wolfgang Ante

Mike Ash

Gary Bennett

Neil Mix

Steven Peterson

Wolfgang Ante

所在公司：ARTIS 软件公司

位置：奥地利维也纳

开发经历：从 1994 年开始一直从事 Macintosh 软件开发，所开发的 Best Graphics Utility 曾获得 *MacWorld* 编辑选择大奖（1999）和 2004 年 *MacUser* 大奖。

iPhone 开发经历：利用 Xcode 和 Interface Builder 构建了 Frenzic 益智游戏。

本章内容：本章首先介绍了有关 Frenzic 开发的一些情况，之后讨论了一个类似的名为 Formic 的游戏，借以展示了实现益智游戏动画和逻辑的基本技术。

关键技术：

- 使用 `UIView` 动画实现视觉反馈
- 使用 `NSTimer` 保证游戏运行
- 使用 `NSUserDefault` 保存和恢复游戏

第1章

设计简单的Frenzic式益智游戏

本章围绕Frenzic（桔块逃脱游戏）展开，它是由ARTIS软件公司和Iconfactory创建的一个流行的益智游戏。首先，我们会介绍Frenzic背后的故事，并讨论这个游戏的设计过程以及我们在开发过程中总结的经验教训。最后，我们将指导你创建一个名为Formic的游戏，其中将展示Frenzic使用的一些概念。

说明

> 如果你还不知道Frenzic，可以访问http://frenzic.com，下载这个游戏，自己先了解一下。面向iPhone的版本价格是2.99美元，另外还可以免费下载试用面向Mac的版本。

1.1 创建Frenzic

首先，我们来谈谈Frenzic的历史。必须承认，Frenzic很古老。我在18年前就已经有了这个游戏的基本想法，那时我正在看一个类似Wheel of Fortune（幸运轮盘）的游戏节目。这个节目让参加游戏的人转动一个大轮盘，其中有一个球可能落入不同的位置，而不同位置分别对应不同的奖励金额。这个节目让我灵机一动，Leblon（Frenzic原先的名字）的基本思想突然萌生。

开始时，游戏没有附加组件（power-up），而且纯粹是随机的“桔块”（pie）。这个游戏经过不断演化，已经移植到多种计算机平台，而且在前进道路上每一步都有所改进。图 1-1 展示了它目前的样子。

图 1-1　Frenzic 游戏屏幕

在改进游戏玩法的历程中，有两个重要的里程碑：理想游戏和附加组件。

在这个游戏的早期版本中，玩家通常会在游戏后期得到“不公平”的桔块，这些桔块根本无法放置。这些桔块是随机选择的，所以即使玩家技艺很高超，而且游戏中没有任何疏漏，也有可能因得到一些完全无法放置的桔块而丢命。Wolfgang Sykora 有这样一个想法：让应用本身在后台玩一个理想游戏，而且与玩家得到的桔块完全相同。“理想游戏”意味着要尽可能快地清空圆盘。基于这个理想游戏，玩家绝对不会得到一个无法设置的桔块。这就有了很大不同！现在，如果玩家尝试尽可能快地清除桔块，而且丝毫不犯错误，那么他们就完全可以在操作足够快的情况下永无止境地玩下去（不过，有时玩家可能决定冒险，希望能用同色的桔块填充圆盘来多赢一条命）。

我向 Iconfactory 的 Gedeon Maheux 展示这个游戏时，游戏玩法有了第二次重大改进。他发明了 3 个附加组件，这进一步改善了游戏的策略。现在，玩家甚至可以冒更大的险用 3 个专用附加组件圆盘之一中的单一颜色桔块填充圆盘。适时激活附加组件可以让玩家玩更长时间，而且还可以更快。

除了玩法创新外，另外一些方面对 Frenzic 的成功也至关重要，其中最重要的一点是我与 Iconfactory 的合作。大多数情况下，ARTIS 公司都只是我一个人，不过我的妻子 Arta 在测试方面对我帮助很大（她能在极短时间内让不完善的代码暴露问题）。除此以外，我都只是独自在家开发，尽管我很喜欢这样，不过要想真正成功，除非我是个开发软件的全才。然而，大多数人（也包括我）并不能单枪匹马就做好每一件事。所以要寻找与我能力互补的人，这非常重要。我很幸运能够找到 Iconfactory 的这些合作伙伴，他们都是图标和用户界面设计领域里最棒的设计人员，与他们共事确实是我的荣幸。在 Frenzic 中的所有编程工作都由我完成，但用户界面由 Gedeon Maheux 设计，David Lanham 创建了漂亮的图片，扩展网站出自 Anthony Piraino 之手，另外 Craig Hockenberry 和我编写了底层代码，使应用在负载很重的情况下仍能正常工作。最后一点但同样重要的是，Dave Brasgalla 完成了绝妙的配乐和音效。

网站是 Frenzic 游戏很重要的一部分，它可能是至今创建的最全面的高分排行榜，其中还包括可以定制的玩家卡片、玩家统计、评论和不同比赛方法：与时间比赛（称为 devotion）、与朋友比赛或者本地比赛（使用电话的 GPS 定位）。写这本书时，Frenzic 服务器上已经记录了超过一百万个分数。这个全球高分排名表可以从网站访问，也可以从应用内部访问（见图 1-2），所以必须实现 Web 服务以便与应用通信，并确保向服务器提交分数的安全性，防止有人利用脚本篡改成绩。整个高分排名系统几乎要占 Frenzic 大约一半的工作。

图 1-2　Frenzic 的高分排名屏幕

1.2 Formic 简介

我希望在本章展示 Frenzic 的一些工作。为此，我创建了一个精简版的游戏，名为 Formic，如图 1-3 所示。这里并不只是给出 Frenzic 中的代码片段，我希望为你提供一个完整的游戏，你可以编译、运行这个游戏，甚至还可以修改它。在后面的小节中，我将更为详细地解释游戏逻辑和游戏图形，不过这里假设你对 Xcode 和 Cocoa 已经有基本的了解。

图 1-3 Formic 游戏屏幕

类似于 Frenzic，Formic 的中间也有一个圆盘，你会在其中得到一些棋子，通过轻击这些棋子可以将它们移到外围的圆盘。这些棋子形状不一，如果中间圆盘中的形状与某个外围圆盘中的形状匹配，可以将中间圆盘中的棋子移至外围圆盘，两个棋子都将从原圆盘移出，并被新棋子所替换。棋子还有颜色，如果能够将相同形状且相同颜色的棋子放在一起，可以赢一分。要迅速决定将一个棋子放在哪里，决定的时间很有限，而且游戏玩得越久，这个时限就越短。如果在给定时间内无法放置一个棋子，就会丢一条命（共有 5 条命）。如果 5 条命全部丢掉，游戏就会结束。

Formic 是一个很不错的项目，可以展示很多概念和技术。这个游戏很简单，但很完备，它与 Frenzic 在某些方面相当类似，不过趣味性稍弱一些。这个游戏没有声音，不过完全支持动画，而且支持持久存储（如果有电话打入，或者你按下 home 按钮想要退出，游戏会记住它的状态，并且在你下一次启动时允许从上次结束的状态开始继续游戏）。

说明

> Apress 网站上本书的源代码（Source Code）页面已包含 Formic 的完整源代码。我力求这个应用极其简洁，但仍保证这是一个完整的游戏。这里确实缺少一些东西，比如声音，但总的来说是一个完整的游戏。

1.3 研究 Formic 代码

Formic 完全使用了 Cocoa Touch。它使用 `NSTimer` 实现调度，使用 `UIView` 动画实现其图形效果，这与 Frenzic 类似。如果你想编写一个图形密集的游戏，可能应该尝试使用 OpenGL ES，不过对于这样一些只是移动棋子的简单益智游戏来说，在我看来这种方法就足够了。不过要记住，Core Animation 是为单个简单的动画而构建的：它的优化针对易用性，而不是性能。如果你决定使用 `UIView` 动画或 Core Animation，一定要编写一些测试代码，模拟游戏可能遇到的要求最高的动画，另外不要忘记播放声音。不要等到最后才增加声音，因为在 iPhone 上播放音乐和音效确实会极大地耗费处理能力。必须将播放声音作为模拟的一部分。

这个游戏还以一种松散的方式使用了经典的 MVC（Model View Controller，模型－视图－控制器）模式，其中模型就是游戏对象。图 1-4 显示了一个基本的 MVC 模式。

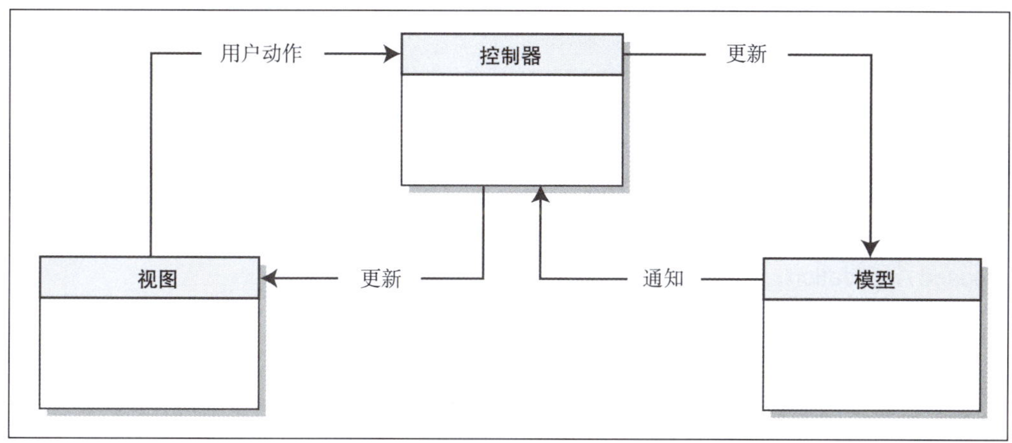

图 1-4　经典的 Cocoa MVC 流程图

视图本身非常非常简单：它们只知道如何显示自己。其中大多数都只是简单的 `UIImageView`，只有一个例外，即背景视图要绘制圆盘并了解它们的位置。因此，背景视图还要接收轻击动作，并把轻击坐标转换为相应的圆盘（即轻击了哪一个圆盘）。之后，这个输入绕过控制器被直接发送到游戏对象。主视图控制器负责汇总所有视图，并完成它们的动画。游戏逻辑独立到一个模型对象中，它负责保证游戏运行，并与视图控制器通信，使游戏的状态可见。针对这种布局，就得到了更新后的 Formic 对象流程图，如图 1-5 所示。

一定要保证游戏逻辑和图形分离，但有时很难保证它们 100% 相互分离。不过，将这些功能放在不同的对象中，可以更容易地调整和优化游戏（这个环节往往会占据整个游戏开发时间中的很大一部分）。好的游戏不是在绘图板上创建的，你必须真正去玩这些游戏，来看它们好在哪里，而哪里不好，并相应地做出修改。

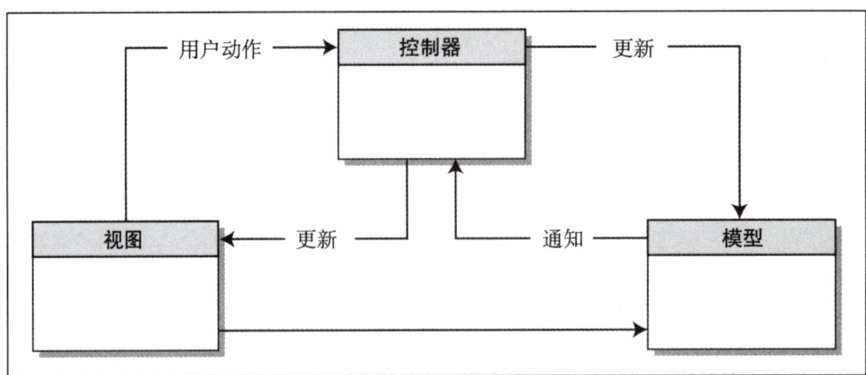

图 1-5 Formic 的 MVC 流程图

在后面的小节中，你将学习创建 Formic。我们首先从一个空的工程起步，创建一个游戏对象包含所有游戏逻辑，另外创建一个视图控制器汇集所有视图并实现它们的动画。最后，我们将创建一个定制视图，它将被置于所有视图的背景中，接受玩家的轻击动作，并将这些动作转换为针对圆盘的逻辑轻击，以便直接输入到游戏对象。

1.3.1 建立工程

开始写代码之前，需要建立一个工程。从 Xcode 的 File 菜单，选择 New Project，再选择 View-Based Application，如图 1-6 所示。

图 1-6 Xcode 的新建工程对话框

这会创建一个基本工程，其中很多内容已经为你设置好。这个简单的命令会创建应用的完整结构，所以余下的工作就是具体创建游戏对象。在这个示例中，我将工程命名为 Formic，所以它会为应用委托建立源文件，并命名为 FormicAppDelegate.h 和 FormicAppDelegate.m。这里同样还会在一个名为 FormicViewController.xib 的 Interface Builder 文件中创建视图控制器，并为这个视图控制器创建源文件，即 FormicViewController.h 和 FormicViewController.m。最后，它会在 Interface Builder 中建立所有必要的连接，这样在你的应用委托中就有了一个方便的 `FormicViewController` 变量。

尽管这些文件都是自动创建的，但你最好退一步看看到底创建了什么以及在哪里可以找到它们。

FormicApplicationDelegate 是起点。应用启动时，它会调用 `applicationDidFinishLaunching:` 方法。这个方法中的代码可能做一些初始化工作，如创建游戏对象。

`FormicViewController` 本身位于 XIB 文件中，它将在启动时由应用实例化。在应用委托中，你可以看到一个指向视图控制器的指针。另外，你可以在工程中看到视图控制器源文件的一些空的框架。你只需在此添加自己的控制器逻辑。

最后，为你建立的视图位于 XIB 文件中。这个简单的 `UIView` 不会显示任何内容。要想有所显示，必须创建 `UIView` 的一个子类。为此，在工程树中选择 Classes 组，并从 Xcode 的 File 菜单选择 New File，如图 1-7 所示。

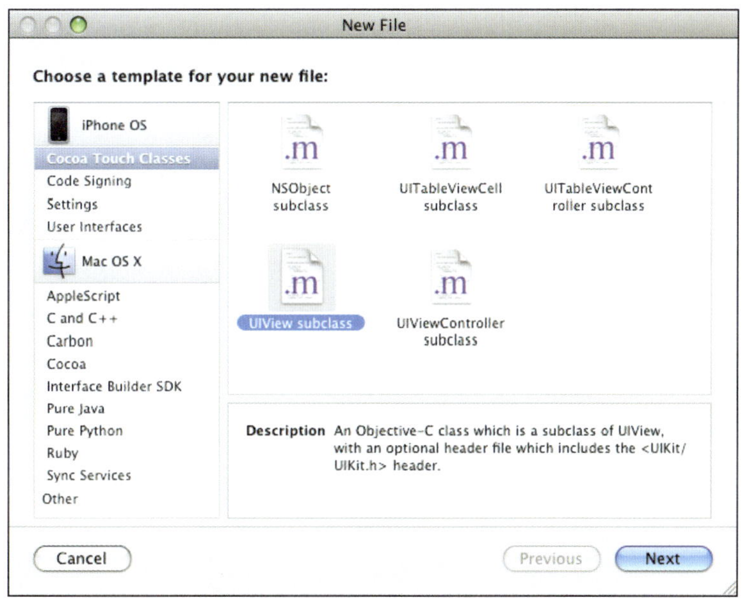

图 1-7 Xcode 中创建 `UIView` 子类的新建文件对话框

将其命名为 FormicView.m，以便与目前为止所用的命名机制保持一致。创建这些文件时，其中会预填派生 UIView 子类必要的全部代码。这些文件将增加到工程中。需要将你的视图代码增加到这些文件中。

为了完成视图，必须将 XIB 文件中视图的类修改为 FormicView。为此，打开文件 FormicViewController.xib，选择视图。找到 Inspector（检查器）面板（或者从菜单选择 Tools → Inspector 将其打开），点击 Information（信息）图标（或者按下⌘4）将类改为 FormicView（见图 1-8）。保存修改，然后返回 xScope。

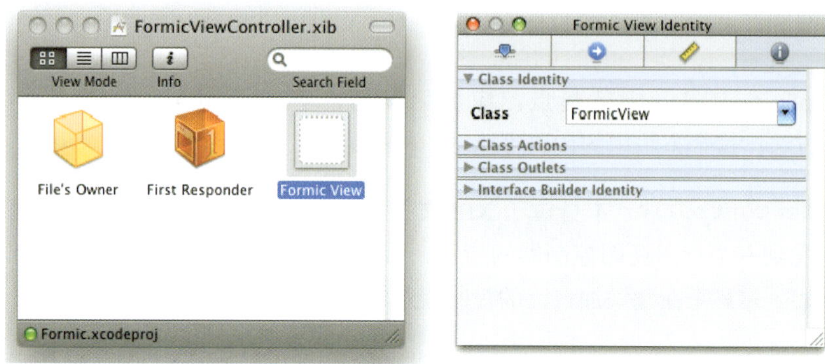

图 1-8 Interface Builder 文件中利用检查器改变视图的类

建立应用结构的最后一步是为游戏对象创建文件。点击工程树中的 Classes 组，从 Xcode 的 File 菜单选择 New File 选项，创建一个名为 FormicGame.m 的 NSObject 的子类，做法与之前创建 FormicView 类的文件相同。完成以上工作后，所有必要的对象都已经创建并连接，现在可以填入功能了。

1.3.2 编写游戏对象

先来看游戏对象，因为这是游戏的核心部分。它将与视图控制器通信，保证游戏的状态可见，所以它在其 init 方法中取视图控制器的一个指针，并初始化游戏结构。见代码清单 1-1。

代码清单 1-1 初始化控制器

```
- (id)initWithViewController:(FormicViewController *)controller
{
    // 初始化超类
    self = [super init];
    if (!self)
        return nil;
```

```
    // 基本初始化工作
    mController = [controller retain];
    mLives = 5;
    mTime = 0;
    mPoints = 0;
    mState = GAME_INIT;
    mBlocked = NO;
    mCenter[GAME_COLOR] = mCenter[GAME_SHAPE] = 0;
    for (int i = 0; i < GAME_CIRCLES; i++)
        mCircle[i][GAME_COLOR] = mCircle[i][GAME_SHAPE] = 0;

    return self;
}
```

游戏变量将维护中间棋子和周围圆盘的形状和颜色、放置中间棋子所剩的时间、分数和剩余几条命，以及游戏所处的状态。对于所有类变量我都加了前缀 m。这样一来，就能很容易地在源代码中识别出这些类变量（见代码清单 1-2）。

代码清单 1-2　游戏变量

```
int mCenter[2];                    // 中间棋子的颜色和形状
int mCircle[GAME_CIRCLES][2];      // 周围棋子的
                                   // 颜色和形状
int mTime;                         // 剩余的时间
int mLives;                        // 还剩几条命
int mPoints;                       // 得分
BOOL mState;                       // 游戏状态（运行、结束，等等）
BOOL mBlocked;                     // 是否阻塞等待动画结束
```

这里有一个变量需要特别注意，即 mBlocked，Formic 通过这个变量使用了阻塞概念。动画进行时，所涉及的棋子将处于一种中间状态。例如，当中间的棋子要移出到一个圆盘时，相应的外围圆盘棋子仍在原位并随着中间棋子的接近而开始逐渐淡出。不过游戏本身并没有中间状态。当中间棋子与轻击的圆盘中的形状相同时，这两个棋子都将更换。因此，在动画期间视图和游戏逻辑是不一致的。如果在这个时间帧中点击所涉及的圆盘会得到奇怪的效果。

这是一个一般性问题，而非特定于 Formic，可以采用多种方法来解决。第一种方法很彻底：进入动画的棋子要从正常的视图存储中清除，并置于一个特殊的动画队列中。另外，视图控制器不能依赖于它自己的视图存储，而必须在每次访问棋子时向游戏对象询问有关棋子的情况。当然，这种方法需要编写大量代码，而且会增加控制器和游戏对象之间的消息传递。

处理这个问题的第二种方法是阻塞游戏，直至动画完成（见图 1-9）。这种方法要简单得多，而且代码也更为简短。不过，如果阻塞会导致游戏出现不必要的间断，显然就要避免使用这种方法。

Formic 使用了第二种方法，即简单的阻塞方法。在这里，阻塞实际是好事：棋子移出时，唯一要做的是暂停定时器（见之前有关“定时器”的讨论），因为你还没有看到新棋子。

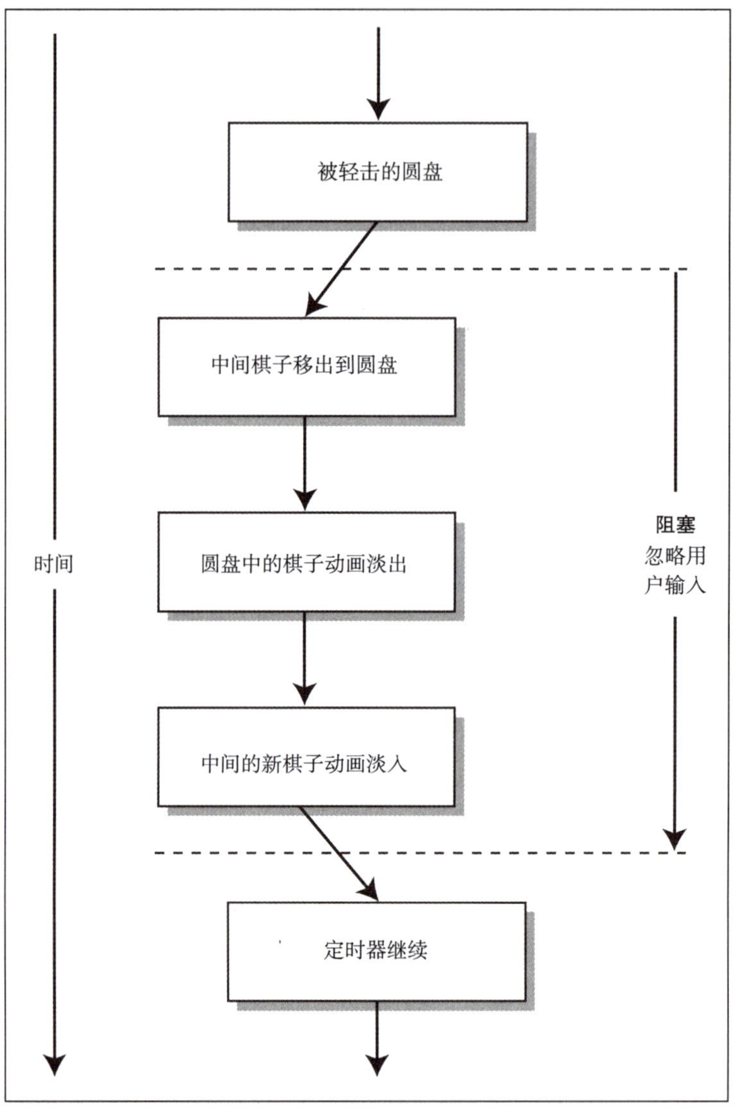

图 1-9　阻塞状态

初始化之后，游戏对象处于一种等待状态。一旦轻击中间的圆盘，游戏将由 startGame 方法启动。见代码清单 1-3。

代码清单 1-3 startGame 方法

```
- (void)startGame
{
    // 不重新开始
    if (mState == GAME_RUNNING)
        return;
    mState = GAME_RUNNING;

    // 告诉控制器
    [mController startGame];

    // 填充外圈
    for (int i = 0; i < GAME_CIRCLES; i++)
        [self performSelector:@selector(newPieceForCircle:) withObject:[NSNumber
numberWithInteger:i] afterDelay:((float)i*0.2)];

    // 填充内圈
    [self performSelector:@selector(newCenterPiece) withObject:nil afterDelay:1.4];

    // 游戏开始
    [self performSelector:@selector(startTimer) withObject:nil afterDelay:1.6];
    [mController updateLives:mLives];
}
```

startGame 方法在外围圆盘中填入不同形状，并在中间给出第一个棋子。之后，它启动游戏定时器使游戏开始。

以下是这个代码中最有意思的部分：

```
(void)performSelector:(SEL)aSelector withObject:(id)anArgument
afterDelay:(NSTimeInterval)delay;
```

这个方法属于 NSObject 的功能，利用它可以调度一个方法在以后某个时间执行。这个方法使用极其方便、灵活，只需告诉对象本身要调用哪个方法、何时调用以及需要什么参数。

startGame 方法用来创建引导动画，即周围圆盘上的棋子相继移入，最后放入中间棋子（见图 1-10）。定时器延迟启动，以避免干扰这个引导动画。定时器由以下方法启动：

```
- (void)startTimer
{
    [NSTimer scheduledTimerWithTimeInterval:[self timerInterval] target:self
selector:@selector(timerAdvanced:) userInfo:nil repeats:YES];
}
```

注意，游戏中推进定时器所用的延迟要由 timerInterval 方法计算得出。你的得分越高，间隔就越短。游戏进行时，每赢得一分定时器就会重启以使游戏运行速度更快。

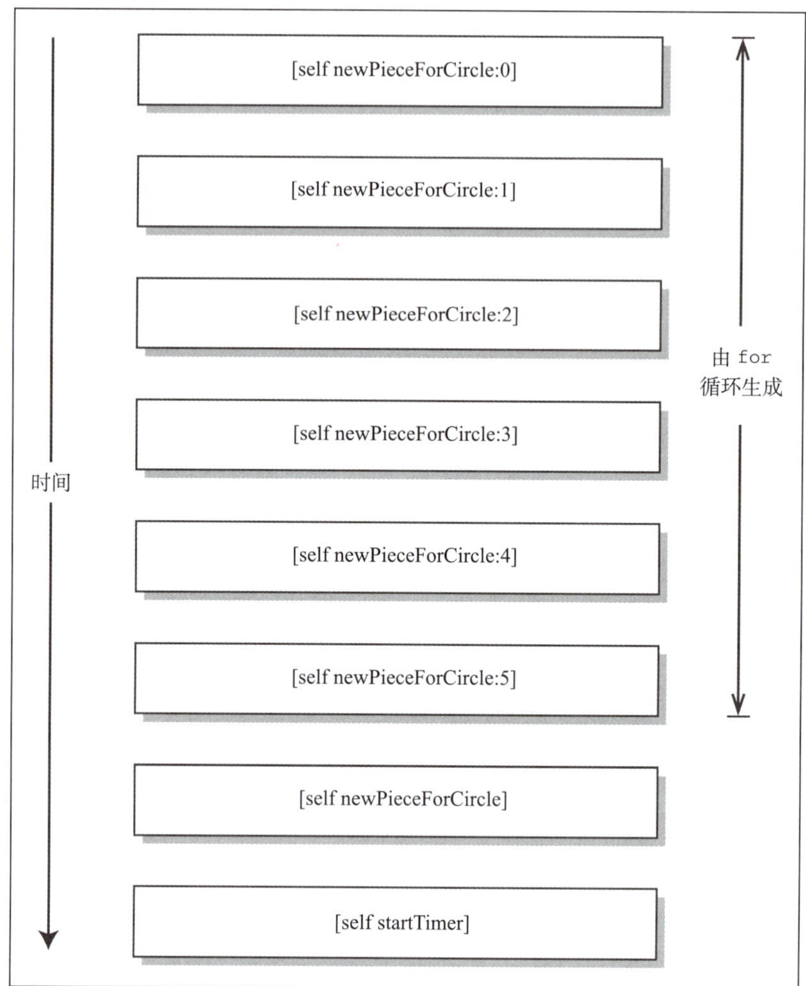

图 1-10　引导动画的时间线

定时器将重复调用代码清单 1-4 中的方法。

代码清单 1-4　定时器调用的方法

```
- (void)timerAdvanced:(NSTimer *)timer
{
    // 阻塞时不推进
    if (mBlocked)
        return;
```

```
        // 新棋子，重新计时
        if (mTime == 0)
        {
            [timer invalidate];
            [self startTimer];
        }

        // 计时器推进
        [mController updateTimer:mTime];
        mTime++;
        if (mTime >= GAME_TIMERSTEPS)
        {
            // 丢一条命
            mLives--;
            [mController updateLives:mLives];
            if (mLives <= 0)
            {
                // 游戏结束
                mState = GAME_OVER;
                [timer invalidate];
                [mController gameOver];
            }
            else
            {
                // 下一个棋子
                [self newCenterPiece];
                mTime = 0;
            }
        }
    }
```

首先，这里再次涉及之前提到的游戏阻塞。如果游戏被阻塞，这个方法什么也不做。

其次，调整定时器的间隔。用户的得分越高，游戏运行得就越快。由于定时器间隔不能改变，所以必须删除老的定时器，并创建一个新定时器。

最后，必须更新时间显示，并递增时间计数器。如果玩家耗尽所分配的时间，就会丢一条命，此时更换中间棋子。一旦 5 条命全部丢掉，游戏结束。这些信息都必须在这个方法中检查，这就像是游戏的“中枢”。所有修改都必须传送到视图控制器。

用户轻击一个圆盘将中间棋子移入时，会调用游戏对象的另一个重要方法。每次轻击一个圆盘时，背景视图都会调用这个方法。它返回一个 BOOL 值指示中间棋子是否可以移动。见代码清单 1-5。

代码清单 1-5　轻击一个圆盘时调用的方法

```
- (BOOL)moveCenterToCircle:(int)circle
{
    // 阻塞或游戏结束时不放置
    if (mBlocked || (mState == GAME_OVER))
        return NO;

    if (mCenter[GAME_SHAPE] == mCircle[circle][GAME_SHAPE])
    {
        // 查看是否同色
        if (mCenter[GAME_COLOR] == mCircle[circle][GAME_COLOR])
        {
            mPoints++;
            [mController updateScore:mPoints];
        }

        // 开始移动，并创建新中间棋子
        [mController moveCenterToCircle:circle];
        mCenter[GAME_COLOR] = mCenter[GAME_SHAPE] = 0;
        [self newCenterPiece];
        mBlocked = YES;

        // 成功了！
        return YES;
    }
    else
        // 不能放置
        return NO;
}
```

这里再一次必须考虑游戏阻塞，如果游戏被阻塞或者已经结束，则什么也不做。

如果形状匹配，会由一个视图控制器调用启动一个动画。此时，游戏会被阻塞。动画结束时，它将调用代码清单 1-6 中的方法，再解除游戏的阻塞。这样一来，实际上游戏会在动画期间暂停，从而保证游戏和图形保持同步。

代码清单 1-6　为给定的外围圆盘查找一个合适的新棋子

```
- (void)newPieceForCircle:(NSNumber *)circle
{
    int         num = [circle intValue];
```

```
    BOOL    centerFound = NO;

    // 寻找新棋子，确信可以放置中间棋子
    for (int i = 0; i < GAME_CIRCLES; i++)
        if ((mCenter[GAME_SHAPE] == mCircle[i][GAME_SHAPE]) && (i != num))
            centerFound = YES;
    mCircle[num][GAME_COLOR] = rand () % GAME_MAXCOLORS;
    if (centerFound)
        mCircle[num][GAME_SHAPE] = rand () % GAME_MAXSHAPES;
    else
        mCircle[num][GAME_SHAPE] = mCenter[GAME_SHAPE];

    // 显示
    [mController zoomInCircle:num withColor:mCircle[num][GAME_COLOR]
            andShape:mCircle[num][GAME_SHAPE]];
    mBlocked = NO;
}
```

这个方法只是要为这个圆盘创建一个新形状。处理这一事务的第一种方法就是简单地创建一个随机的棋子。如果采用这种做法，有可能出现这样一种窘境：用户无法用中间棋子替换圆盘中填充的形状，以至于丢一条命。

为了避免这种尴尬，一定要保证至少有一个圆盘可以放置中间棋子。这正是代码清单 1-6 中所做的工作。

在 Frenzic 中，代码清单 1-6 中的方法耗费了很长时间才调整好。我们的根本目标是让游戏尽可能有趣，而这种无法放置的桔块则与这个目标相悖。另一方面，如果只给出可以顺利放置的桔块，这又会降低 Frenzic 的难度，使它变成一个极其简单的游戏，只需要尽可能快地轻击，而没有任何策略。Frenzic 的做法是，除了在后台玩一个理想游戏，它还使用了很多其他规则来提供桔块。由此我们可以获得一个经验：开发游戏期间要随时做出调整，这一点极其重要。

提供一个新的中间棋子的方法见代码清单 1-7。

代码清单 1-7　为中间圆盘寻找一个合适的新棋子

```
- (void)newCenterPiece
{
    // 将现有的一个棋子淡出
    [mController zoomOutCenter];

    // 找到一个新棋子
    mCenter[GAME_COLOR] = rand () % GAME_MAXCOLORS;
```

```
        mCenter[GAME_SHAPE] = mCircle[rand () % GAME_CIRCLES][GAME_SHAPE];

        // 显示
        [mController zoomInCenterwithColor:mCenter[GAME_COLOR]
          andShape:mCenter[GAME_SHAPE]];

        // 重置计时器
        mTime = 0;
        [mController updateTimer:mTime];
    }
```

在这里必须确保用户不会得到一个无法放置的棋子。大多数情况下，在外围的某个圆盘中增加新棋子的方法就可以完成这个工作。不过，如果你因超时而丢掉一个棋子，这个方法可以确保替换后的棋子确实可以放置。

以上已经完整地定义了游戏逻辑。余下的只是一些常规功能，比如保存和恢复游戏（本章最后介绍）以及显示和动画（在视图控制器中处理）。

1.3.3 编写视图控制器

视图控制器管理所有图形，包括动画。你已经在游戏类中见过对视图控制器的调用，现在来重点分析它的一些代码。

以下方法是从游戏对象直接调用的。从这些方法名就能清楚地看出它们的作用：

```
- (void)zoomInCenterwithColor:(int)color andShape:(int)shape;
- (void)zoomOutCenter;
- (void)moveCenterToCircle:(int)circle;
- (void)zoomInCircle:(int)circle withColor:(int)color andShape:(int)shape;
- (void)updateTimer:(int)timervalue;
- (void)updateLives:(int)lives;
- (void)updateScore:(int)points;
```

所有视图（除了背景视图）都是简单的图像或标签视图。在 Frenzic 中，还有一个有脉动功能的派生图像视图。除此以外，与 Formic 类似，Frenzic 也只是使用了现成的 Cocoa 视图。

视图控制器中的方法都非常相似，因为它们都使用相同的基本概念来实现动画和显示视图。这些动画的原则就是修改视图的一个属性，如位置、可见度或视图大小，并在一个给定的时间帧内通过动画完成这个修改，而不是立即改变视图的属性。

要开始一个动画，只需使用以下方法：

```
[UIView beginAnimations:nil context:nil];
```

之后，设置动画的持续时间：

```
[UIView setAnimationDuration:DURATION];
```

接下来改变视图属性。要真正开始动画，需要用以下代码行结束代码块：

```
[UIView commitAnimations];
```

以下给出一个例子，要让一个视图淡入，需要将该视图的可见度值（alpha value）设置为 0.0，并将它增加到视图层次结构，然后将其可见度值通过动画改变为 1.0。这就会创建一个淡入效果：

```
VIEW.alpha = 0.0;
[MASTERVIEW addSubview:VIEW];
[UIView beginAnimations:nil context:nil];
[UIView setAnimationDuration:ANIM_NORMAL];
VIEW.alpha = 1.0;
[UIView commitAnimations];
```

以下视图属性可以实现动画：

- frame、bounds 和 center（即位置）；
- alpha（即可见度）；
- transform（即大小）。

可以结合所有这些动画，从而创建出可以在 Formic（和 Frenzic）中看到的丰富绚丽的动画。

有时，Formic 还包含一些复杂的、多层次的动画。其中一个动画是将棋子从中间移至指定的外围圆盘位置，然后随着新棋子的淡入，将外围圆盘中匹配的棋子淡出。Frenzic 中也有这种复杂的动画，例如，有一个动画是桔块移出到圆盘，稍稍上提，然后当移到圆盘上方时下落。

对于这些复杂的动画，必须相继完成多个动画。为此，一种做法是调度执行一个方法（这在前面已经提到过）：

```
[self performSelector:@selector(animationDidStop:)
withObject:PARAMETER afterDelay:DURATION];
```

另一种做法是在动画块中的 `beginAnimations` 和 `commitAnimations` 之间设置动画委托和选择器，如下所示：

```
[UIView setAnimationDelegate:self];
[UIView setAnimationDidStopSelector:@selector(animationDidStop:finish:)];
```

由于这需要多加两行代码，另外还有一个 finish: 参数，而这个参数在大多数情况下并没有太大用处，所以我更倾向于使用 performSelector:WithObject:afterDelay:。

代码清单 1-8 包含了 Formic 的两个方法，它们通过具体代码来展示这些多层次的动画。

代码清单 1-8 构成一个复杂动画的两个方法

```
- (void)moveCenterToCircle:(int)circle
{
    // 在这里动画
    [UIView beginAnimations:nil context:nil];
    [UIView setAnimationDuration:ANIM_NORMAL];
    mCenterView.alpha = 1.0;
    mCenterView.transform = CGAffineTransformMakeScale (0.95, 0.95);
    mCenterView.center = [(FormicView *)[self view] centerForCircle:circle];
    [UIView commitAnimations];

    // 转移和调度
    mMovedView = mCenterView;
    mCenterView = nil;
    [self performSelector:@selector(clearCircle:) withObject:
      [NSNumber numberWithInt:circle]afterDelay:ANIM_NORMAL];
}

- (void)clearCircle:(NSNumber *)number
{
    int    circle = [number intValue];

    // 将内棋子和外棋子动画淡出
    [UIView beginAnimations:nil context:nil];
    [UIView setAnimationDuration:ANIM_NORMAL];
    mMovedView.alpha = 0.0;
    mMovedView.transform = CGAffineTransformMakeScale (0.33, 0.33);
    mCircleView[circle].alpha = 0.0;
    mCircleView[circle].transform = CGAffineTransformMakeScale (3.0, 3.0);
    [UIView commitAnimations];

    // 并将其删除
    [mMovedView release];
    mMovedView = nil;
    [mCircleView[circle] release];
    mCircleView[circle] = nil;

    // 然后移入新棋子
    [[AppDelegate game] newPieceForCircle:[NSNumber numberWithInt:circle]];
}
```

使用这些动画时要有些创意。例如，可以再创建一个视图，以便在实际视图上方增加一些效果。在 Formic 中得一分或者丢一条命时，让数字看上去就像是飞出去一样。为达到这种效果，需要在视图上面增加一个副本，并为其添加在增加大小的同时淡出的动画。

1.3.4 编写背景视图

Formic 的游戏场景要在背景视图中绘制，因为它知道圆盘的位置，所以要由这个视图来接受轻击动作，并将其发送到游戏。图 1-11 显示了 Formic 背景视图。

图 1-11 背景视图绘制圆盘并接受轻击

尽管这个背景视图非常简单，但它破坏了简洁的 MVC 结构。视图必须了解游戏，在这里游戏相当于模型。对于这种情况，我更愿意务实一些，让视图直接告诉游戏有关轻击的信息。唯一的问题是它们之间的通信——什么时候这些对象能相互了解呢？我的解决方案是：不让对象相互通知；我为创建对象的应用委托提供了该对象的一个 `@property`，这样所有其他对象都能读取它。这种解决方案很方便，因为每个对象都可以找出应用委托的有关信息。为了保证代码易读，我们将 AppDelegate 定义如下：

```
#define AppDelegate    (FormicAppDelegate *)
                           [[UIApplication sharedApplication] delegate]
```

在 Formic 应用委托的头文件中，我增加了以下属性：

```
@property (readonly) FormicGame *game;
```

通过增加这两行代码，可以很容易地从应用中的任何位置调用游戏对象的方法，而无需在对象之间建立直接连接。在背景视图处理轻击的方法中，调用如下所示：

```
[[AppDelegate game] moveCenterToCircle:i];
```

1.3.5 增加 iPhone 特定的功能

你的 iPhone 应用除了解决游戏玩法以外，还必须处理另外的一些事项：

- 激活和钝化（唤醒设备以及将设备置为休眠模式）；
- 内存警告（设备内存不足）；
- 保存和恢复游戏（退出和打开应用时）。

1. 激活和钝化 Formic

激活和钝化通知通过以下两个调用发送到应用委托：

```
- (void)applicationWillResignActive:(UIApplication *)application;
- (void)applicationDidBecomeActive:(UIApplication *)application;
```

用户按下设备上方的暂停键时就会调用这些方法。接收到 applicationWillResignActive: 时，要停止所有定时器、动画和声音，游戏应当进入暂停状态。设备并不是真的休眠，它只是进入一种节电模式并关闭屏幕。音乐还会继续播放，甚至动画也在继续运行，只不过不可见。这种节电模式仍会耗用电池，所以必须处理这些情况。对于 Frenzic 的 1.0 版本，如果你将设备置于休眠模式，它可能在很短时间内就将 iPhone 的电池耗尽，因为 1.0 版本中我们未能停止所有人都看不到的某些动画，但电池却一直承受着工作压力。

2. 增加内存警告

设备内存不足时会出现内存警告，并通过以下方法将内存警告发送到应用中的所有视图控制器：

```
- (void)didReceiveMemoryWarning;
```

要尽可能多地释放内存。尽早考虑内存管理，因为内存耗尽是无法预料的，而且很难测试。尽管在调试设备上几乎永远也不会出现内存不足的情况，但是用户却经常会在各种边缘情形下遭遇内存不足。从用户反馈给我们的崩溃日志来看，我们发现 Frenzic 1.0 版本的大多数所谓的“崩溃”并非真正的崩溃，而只是应用关闭。如果你的应用接收到内存警告，但是未能释放足够的内存，操作系统就会关闭应用，对于用户来说这看上去就像是应用崩溃。

另外，不要认为内存使用有一个安全的下限。设备内存不足时，你的应用可能并不是导致该问题的原因，但是它可能会被关闭以解决该问题。

3. 保存和恢复游戏

iPhone 应用必须具有持久性。也就是说，尽管可以在任何时间退出应用（可能是因为打入电话、收到短信，或者是用户按下了 home 按键），但下一次启动应用时它都应当从上一次退出时的状态继续运行。

对于游戏来说，应该允许选择继续游戏还是重新开始一个新游戏。在 Frenzic 中，游戏暂停然后恢复时，会让玩家选择继续游戏或是重新开始，如图 1-12 所示。

图 1-12　询问用户是否继续之前保存的游戏

说明

> Apress 网站上本书源代码（Source Code）中已经包含了这个游戏的完整源代码。可以从 iPhone Simulator 中运行 Formic，并设置断点仔细查看对象如何交互，以及何时调用方法。

Formic 使用一个简单的 UIAlert，不过原理是一样的。如果游戏退出时并未实际运行（也就是说，处于初始化或游戏结束状态），则无需做任何保存，相应地也不必恢复任何内容。

保存和恢复游戏的代码放在游戏类中，由应用控制器调用。启动时，将调用应用委托的方法 applicationDidFinishLaunching:，关闭时则调用方法 applicationWillTerminate:。正是这两个方法让游戏类保存和恢复游戏。

要存储设置，最简单的方法是将其存储在标准用户默认设置中。类 NSUserDefaults 提供了一个非常简单的途径来持久地存储数据，它就类似于一个字典。见代码清单 1-9。

代码清单 1-9　保存和恢复游戏

```
- (void)saveGame
{
    NSUserDefaults      *prefs = nil;

    prefs = [NSUserDefaults standardUserDefaults];
    if (mState == GAME_RUNNING)
    {
        // 将表示游戏的数据保存到首选项中
        [prefs setObject:[NSNumber numberWithBool:YES] forKey:@"saved"];
        [prefs setObject:[NSData dataWithBytes:mCircle length:sizeof(mCircle)]
forKey:@"circle"];
        [prefs setObject:[NSNumber numberWithInt:mLives] forKey:@"lives"];
        [prefs setObject:[NSNumber numberWithInt:mPoints] forKey:@"points"];
    }
    else
        // 将“非游戏数据”指示保存到首选项中
        [prefs setObject:[NSNumber numberWithBool:NO] forKey:@"saved"];
}

- (void)restoreGame
{
    NSUserDefaults      *prefs = nil;

    prefs = [NSUserDefaults standardUserDefaults];
```

```
    // 从首选项获取数据
    [[prefs dataForKey:@"circle"] getBytes:mCircle length:sizeof(mCircle)];
    mTime = 0;
    mLives = [prefs integerForKey:@"lives"];
    mPoints = [prefs integerForKey:@"points"];
    mState = GAME_RUNNING;

    // 填充外圈
    for (int i = 0; i < GAME_CIRCLES; i++)
        [self performSelector:@selector(zoomInCircle:) withObject:
          [NSNumber numberWithInteger:i] afterDelay:((float)i*0.2)];

    // 新的内圈
    [self performSelector:@selector(newCenterPiece) withObject:nil afterDelay:1.4];

    // 开始游戏
    [self performSelector:@selector(startTimer) withObject:nil afterDelay:1.6];
    [mController updateLives:mLives];
    [mController updateScore:mPoints];
}
```

1.4 小结

使用标准Cocoa Touch为iPhone创建类似Formic的游戏是很少见的。通常情况下，对于图形密集的应用应当寻求其他途径来编写代码，比如OpenGL ES。其实，如果你要编写一个同时运行多种效果和动画的益智游戏，使用Cocoa Touch就很好，这样做可以事半功倍。

不过要记住，Cocoa并非为游戏而构建。开始使用Core Animation的`UIView`和`NSTimer`之前，要确保最终的游戏不会因这个决定而受到负面影响。应当编写一个原型，并模拟你认为对游戏压力最大的某些情况。不要忘记在测试中加入声音，因为音效可能是导致游戏运行不畅的关键环节。

游戏逻辑与图形要相互分离。在面向Mac和iPhone的Frenzic中，游戏类基本上是一样的，不过图像和视觉效果（整个用户界面）完全不同。另外，如果想调整游戏让它更有意思，这种分离也很有帮助，因为所有需要修改的代码都放在一处。

最后一点，要注意应用的iPhone特定需求。要特别当心内存警告。尽管我从未在我的设备上见过这种警告，但是Frenzic到了beta版本测试者的手里，警告就开始出现了。如果忽略这些警告，设备将关闭你的应用，而在用户看来这就像是应用崩溃了。

Mike Ash

所在公司： Rogue Amoeba 软件公司

位置： 美国弗吉尼亚州亚历山大

开发经历： 最开始在 Commodore 64 上使用 BASIC 开发，之后升级到在 Apple IIGS 上使用 AppleSoft BASIC，然后是 Pascal。提升到 Mac 后曾使用 Think Pascal，后来开始基于 CodeWarrior 使用 C 和 C++ 开发。2000 年开始在 Linux 上采用 Objective-C 开发，在一定程度上开始为转向 Mac OS X 和 Cocoa 做准备。现在主要在 Xcode 中使用 Objective-C 开发，编写 Mac 应用，同时使用 Python 编写脚本和服务器端代码。目前的专业特长包括音频、多线程、网络技术和性能优化。

iPhone 开发经历： 目前已经在 App Store 发布 NetAwake 应用（实用工具类）。另外，Nanogolf 游戏也已经接近交付。

本章内容： 主要讨论使用 UDP 的网络技术。

关键技术：

- POSIX socket
- UDP 网络技术
- Bonjour

第2章

深入剖析对等网络

iPhone 是一种无与伦比的设备。10 年前一台桌面计算机才能具备的强大功能，如今已经浓缩到这样一个比一副牌还要小的机器中。用户和开发人员都对它倍加倾慕，这种热情充分显示出这个设备的巨大作用。尽管 iPhone 拥有功能强大的硬件、功能设计和精心制作的软件，但倘若全世界只有唯一一台 iPhone，那也几乎毫无意义，网络化才是人们如此着迷于 iPhone 的真正原因。人们所希望的不只是拥有这样一个手掌大小的计算机，还希望能够用它与不同房间的其他掌上计算机交互，甚至实现全球交互。

网络技术一直以来就像一碗杂拌汤，混杂着各种缩略语。如今的这碗“汤”由 REST、XML、HTTP、JSON 和 AJAX 等术语组成。这些都是了不起的技术，基于这些技术可以构建一些非凡的新应用，也就是我们每天都会使用的应用。不过，不论是为了得到更好的性能或简单性，还是为了完成挑战想要有些与众不同，可能都很有必要退回到从前通过管道传送原始字节的日子。

这些现代技术问世之前，这碗“缩略语汤”中包含的则是 IP、TCP 和 UDP 技术以及 Ethernet 和 socket 之类的词，它们提供了底层基础设施，现代技术都建立在这个基础设施之上。应用通信时所使用的 REST 式 API 归根结底就是使用 TCP 和 Ethernet 来完成任务的。深入探究问题的本质往往大有裨益，所以此时我将使用原始 socket 和 UDP 研究一下网络技术。

本章，我要带领你设计一个非常简单的 LAN 游戏。游戏本身是次要的，这里主要关注的是网络技术本身。我们将明确对游戏的需求并设计一个网络协议来满足这些需求，然后使用直接的 POSIX socket 加以实现。

完成这些工作后，你将熟悉底层网络技术和基本二进制数据编码和解码的原则。不论你是否计划采用类似方法实现一个 LAN 游戏，或者只是希望了解底层的工作原理，希望你能喜欢这种尝试，即采用更传统的做法完成任务。

2.1 规划一个简单的协作游戏

本章要构建的游戏名为 SphereNet，这是一个简单的协作型应用，它会在屏幕上显示一组圆球。独立启动游戏时，它会创建一个颜色随机的圆球，可以通过手指触摸或拖曳在屏幕上移动它。

如果同一个 LAN 中启动了多个游戏副本，每个副本都会显示所有其他游戏副本对应的圆球。这个游戏的基本思想是让用户体验尽可能简单。这里没有加载屏幕，不涉及托管也不考虑加入。用户只需启动并使用应用，它会自动搜索并与所能达到的所有其他应用副本通信。最后完成的游戏如图 2-1 所示。

图 2-1 实际运行完成的 SphereNet 游戏

2.2 构建 GUI

实际上，我想讨论的是网络技术，但是在此之前还需要一个实际的网络背景。我们可以直接建立协议，不过这可能很枯燥。下面先来构建 GUI（Graphical User Interface，图形化用户界面）。

首先，在 Xcode 中创建一个新的基于视图的应用工程。SphereNet 的 GUI 会尽可能简单，实际上它只是一个简单的视图。这里没有设置屏幕，也没有 About（关于）屏幕。基于视图的应用模板就能很好地满足我们的需要。

下面考虑 `SphereNetSphere` 需要包含些什么。它必须有一个颜色和一个位置。为了让应用快速而平滑地运行，我们将使用 Core Animation 来完成显示，所以还要为 `SphereNetSphere`

提供一个 CALayer。最后，由于最终需要从屏幕上删除那些没有响应的圆球（来自网络上的其他游戏副本），所以需要知道给定圆球最后一次修改的时间。以上就是 SphereNetSphere 要包含的全部内容。

修改 SphereNetSphere.h，如下所示：

```
#import <Foundation/Foundation.h>


@interface SphereNetSphere : NSObject
{
    // 使用红、绿、蓝分量保存颜色
    float _r, _g, _b;
    CALayer *_layer;
    NSTimeInterval _lastUpdate;
}

- (void)setColorR:(float)r g:(float)g b:(float)b;
- (float)r;
- (float)g;
- (float)b;
- (void)setPosition:(CGPoint)p;
- (CGPoint)position;
- (CALayer *)layer;
- (NSTimeInterval)lastUpdate;

@end
```

以上代码简洁而且直观。初始化方法同样很简单，只需几行代码来建立 CALayer。

```
static const CGFloat kSphereSize = 40;

- (id)init
{
    if((self = [super init]))
    {
        _layer = [[CALayer alloc] init];
        [_layer setDelegate:self];
        [_layer setBounds:CGRectMake(0, 0, kSphereSize, kSphereSize)];
        [_layer setNeedsDisplay];
    }
    return self;
}

- (void)dealloc
{
```

```
    [_layer release];

    [super dealloc];
}
```

接下来是一组枯燥的设置方法和获取方法。你会注意到，我完全没有使用 @property 语法。这是因为我是一个守旧的“老古董”，我不太喜欢这个新语法。不用担心，这个程序中并没有太多存取方法。

```
// 设置颜色，如果必要则更新屏幕
- (void)setColorR:(float)r g:(float)g b:(float)b
{
    if(r != _r || g != _g || b != _b)
    {
        _r = r;
        _g = g;
        _b = b;

        [_layer setNeedsDisplay];
    }
}

- (float)r
{
    return _r;
}

- (float)g
{
    return _g;
}

- (float)b
{
    return _b;
}

// 设置圆球在屏幕上的位置，并指出它是何时出现的
- (void)setPosition:(CGPoint)p
{
    [_layer setPosition:p];
    _lastUpdate = [NSDate timeIntervalSinceReferenceDate];
}

- (CGPoint)position
{
```

```
        return [_layer position];
    }

    - (CALayer *)layer
    {
        return _layer;
    }

    - (NSTimeInterval)lastUpdate
    {
        return _lastUpdate;
    }
```

最后，需要绘制 CALayer 的内容。我们将使用 CGGradient 来绘制一个径向渐变，并提供一点 3D 效果。以下绘制的细节超出了本章的范畴。如果希望对这里使用的技术有更多了解，可以参见 Apple 的 *Quartz 2D Drawing Guide*（可以从 http://developer.apple.com 得到）中有关渐变的一章内容。

```
static const CGFloat kSphereCenterOffset = 10;

- (void)drawLayer:(CALayer *)layer inContext:(CGContextRef)ctx
{
    CGFloat locations[2] = { 0.0, 1.0 };
    CGFloat components[8] = { _r, _g, _b, 1.0,
                              _r, _g, _b, 0.7 };

    CGColorSpaceRef colorspace = CGColorSpaceCreateDeviceRGB();
    CGGradientRef gradient = CGGradientCreateWithColorComponents(
                                        colorspace,
                                        components,
                                        locations,
                                        2);

    CGPoint offsetCenter = CGPointMake(
                            kSphereSize / 2 - kSphereCenterOffset,
                            kSphereSize / 2 - kSphereCenterOffset);
    CGPoint center = CGPointMake(kSphereSize / 2, kSphereSize / 2);
    CGContextDrawRadialGradient(          ctx,
                                        gradient,
                                        offsetCenter,
                                        0,
                                        center,
                                        kSphereSize / 2,
                                        0);
```

```
    CFRelease(gradient);
    CFRelease(colorspace);
}
```

现在再来考虑视图控制器。它也同样简单，Xcode 模板已经为我们加入了基本的内容。我们将建立一个实例变量来维护本地圆球。

```
SphereNetSphere *_localSphere;
```

视图加载时将创建这个圆球。

另外，由于要引入一个新的类，所以在 `@interface` 行前增加 `@class SphereNetSphere;`。

```
- (CGFloat)randomFloat
{
    // 生成介于 0 到 1 之间的一个随机数
    // random() 最大范围达到 2^31-1，所以除以这个数
    return (CGFloat)random() / ((1 << 31) - 1);
}

- (void)viewDidLoad
{
    [super viewDidLoad];

    if(!_localSphere)
    {
        _localSphere = [[SphereNetSphere alloc] init];
        CGSize size = [[self view] bounds].size;
        srandomdev();
        [_localSphere setColorR:[self randomFloat]
                              g:[self randomFloat]
                              b:[self randomFloat]];
        [_localSphere setPosition:
               CGPointMake(size.width / 2, size.height / 2)];
        [[[self view] layer] addSublayer:[_localSphere layer]];
    }
}
```

由于我们要直接引用层，所以要在现有的 `#import` 前面增加 `#import <QuartzCore/CoreAnimation.h>`。因为现在使用了 `SphereNetSphere`，所以还要增加 `#import"SphereNetSphere.h"`。

我有点过于谨慎，这里还查看了 `_localSphere` 变量是否已经存在。视图应当只会加载一次，不过我属于谨慎型，所以还是增加了这个检查，否则可能就得跟踪因缺少这种基本保护而导致的 bug，相比之下，提前检查则要容易得多。

这就足以在屏幕上显示游戏，不过还需要让圆球可以移动。归功于 Core Animation 的魔力，这也相当简单：

```
// 如果用户触摸屏幕或在屏幕上拖动
// 相应地在动画层更新位置
- (void)moveLocalSphereFromTouch:(UITouch *)touch
{
    if(touch)
        [_localSphere setPosition:[touch locationInView:[self view]]];
}

- (void)touchesBegan:(NSSet *)touches withEvent:(UIEvent *)event
{
    [self moveLocalSphereFromTouch:[touches anyObject]];
}

- (void)touchesMoved:(NSSet *)touches withEvent:(UIEvent *)event
{
    [self moveLocalSphereFromTouch:[touches anyObject]];
}
```

图 2-2 显示了所完成的 GUI，这只是基本应用，还没有网络功能。这个应用很小巧也很简单，我们可以在此基础上构建一些有意思的网络代码。

图 2-2 完成的 GUI

2.3 为游戏增加网络支持

既然有了一个基础可以作为起点，下面再来考虑 SphereNet 的网络方面。首先，我们将讨论网络代码要达到的目标。其次，根据这些目标来设计一个自定义的 SphereNet 协议。最后，我们将基于这个协议设计构建必要的具体代码为游戏增加网络支持。

2.3.1 定义网络目标

具体设计网络协议之前，最好能了解游戏要达到的目标。构建代码之前先要搞清楚希望代码做些什么，这一点至关重要。如果目标不明确，就很容易迷失在复杂性中，或者最终却要实现具有冲突的需求。

SphereNet 网络化的第一个目标是要保证简单。简单性对于任何类型的代码都很重要，不仅可以减少编写代码所需的工作，还可以减少可能出现的 bug。而这一点在网络代码中尤其重要，因为这些代码必然涉及两个或多个机器间的交互，而此时找出错误源相当困难，很难确定错误发生在哪一个机器上，或者是否介于两个机器之间的某个位置。相应地，这使得网络代码的调试比正常代码的调试困难十倍。

这个游戏的下一个目标是保证可扩展。应当适当设计，从而保证我们能尽可能多地增加新特性和行为而不会破坏之前的程序版本。这在某种程度上与"简单"稍有冲突，不过冲突不大。我们仍努力采用一种简单的方式保证其可扩展性。

接下来的目标是，我们还希望这个应用足够快。一个用户触摸屏幕时，我们希望其他用户能够立即看到圆球的移动。

最后一点，应用应当是平台无关的。这说明要使用一个平台无关的协议，它不仅适用于 iPhone，而且（至少从理论上讲）可以用于任何平台。另外，还需要明确指定网络数据包中如何编码，而不只是使用平台默认的某种格式。尽管这听上去更强调理论意义，不过确实非常重要，即使代码并不脱离 iPhone，但 iPhone 模拟器与实际的 iPhone 就有很多不同，因此即使只是为了在模拟器中测试这一点也是必要的。

2.3.2 设计网络代码

协议本身是一个运行在 UDP（User Datagram Protocol，用户数据报协议）之上的定制协议。我之所以决定使用一个定制协议有很多原因。首先，当前这个任务看起来足够简单，因此与尝试改进一个现有协议相比，直接构建一个定制协议会更为容易。其次，定制协议可以将开销减至最小并尽可能地提高性能。最后，这本身就是一个很好的教学练习！

如果你不熟悉 UDP，只需要知道这是两个常用应用层 Internet 协议之一，另一个协议是 TCP（Transmission Control Protocol，传输控制协议）。TCP 是一个流协议，每次查看网页、检查邮件或者下载文件时使用的就是 TCP 协议。从本质上讲，TCP 会在两个计算机之间建立了一个双向管道，并尽其所能地掩盖其底层网络的不可靠性和不确定性。

与之不同，UDP 会向应用暴露很多不确定性。它使用一个校验和来确保不会传递被破坏的数据，但它并不会做任何尝试来掩盖出现的问题。如果一个路由器决定丢掉一个数据包，那么这个数据永远也不会被接收到。如果一个较早的数据包被延迟，以至于较晚到达，数据的接收就会乱序。因此，要由各个应用采取措施对这些问题做出补偿。

既然存在这种不确定性，为什么还要使用 UDP 呢？这是因为 UDP 使用的资源更少，而且能提供更好的性能。本质上 TCP 是基于连接的，所以对于应用要通信的每一个远程设备都必须建立并维持连接，而如果计划支持大量此类设备（目前正是这种情况），开销就会非常大。另外，TCP 还可能速度更慢，比如数据包丢包时。此时，TCP 会尝试恢复，但是恢复要花费时间。与之不同，UDP 只是跳过丢包，继续发送后续的更新。如果你追求性能，而且能够应对丢失数据，那么 UDP 是上选。这正是在 voice-over-IP 应用、在线游戏以及这个示例工程中使用 UDP 的原因。

我们已经决定使用 UDP，不过在网络上到底发送什么呢？为此需要设计一个数据包格式。之前提到过，我们希望协议是可扩展的，为实现这一点，要在首部中放入一个 4 字节的类型标识符。未知的类型标识符可以被忽略，所以这个程序的新版本可以使用新的类型标识符发送更多数据，而老版本只简单将其无法理解的数据忽略。为了保证安全，也是为了更为谨慎，我们还在数据包最前面设置了一个唯一的 4 字节标识符，用来标识这个数据包确实属于我们的应用，而并非来自其他程序的难以捉摸的数据包。

以下就是数据包首部：

```
typedef struct
{
    uint32_t identifier;
    uint32_t datatype;
} PacketHeader;
```

图 2-3 显示了网络上所见的这个结构。

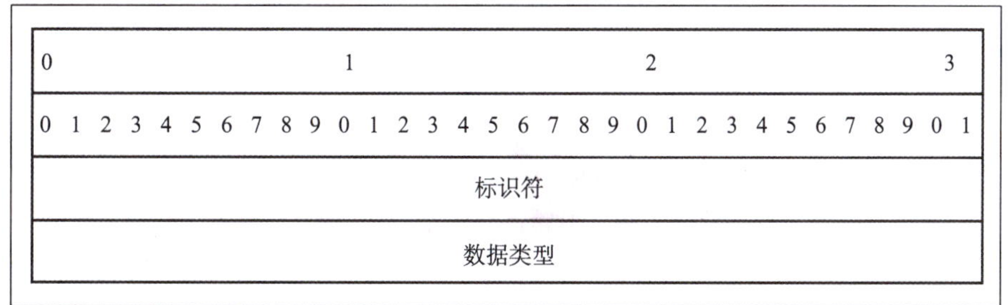

图 2-3　网络上所见的数据包首部结构

所有 SphereNet 数据包的 `identifier` 字段都是一样的，下面来定义其中的内容：

```
static const uint32_t kSphereNetPacketIdentifier = 'SpHn';
```

这只是应用名的一个简单的 ASCII 缩写。

如果你以前没有见过这种值，只需知道这是一个多字符整数常量。从概念上讲，它类似于一个标准字符常量（如 `'S'`），只不过它将多个字符串放在一起构成了一个更长的整数。常量 `'SpHn'` 只是写 `0x5370486E` 或 `1399867502` 的一种简便方法。

datatype 字段则明确了这个首部后面的数据的实质。由于 SphereNet 目前只发送位置更新，所以只有一种数据类型，不过这个字段为将来增加更多类型留出了空间。一个位置更新包含相应圆球的坐标和颜色。

下面来考虑如何表示这些数据。在应用中，我们使用 CGPoint 表示坐标，使用 float 表示颜色。不过，在网络中浮点数处理起来很不方便，因为浮点数的二进制格式不便于处理。所以我们将把所有内容转换为整数，这样处理会更为容易，而且调试时数据包的十六进制转储也更易读。

坐标就是 32 位有符号整数。这有些大材小用，因为 iPhone 屏幕只有 320×480，不过这样可以为将来留出余地。至于颜色，没有必要使用大于单字节的类型来表示各个颜色分量。这样一来，每个分量的取值范围就是 0 ～ 255，这已经是大多数屏幕所能再现的最大颜色分辨率。位置更新数据包如下所示：

```
typedef struct
{
    PacketHeader header;
    int32_t x;
    int32_t y;
    uint8_t r;
    uint8_t g;
    uint8_t b;

} PositionPacket;
```

首先是之前定义的首部，后面是坐标，然后是 3 个颜色分量。我们还需要一个数据类型常量来标识这种特定类型的数据包：

```
static const uint32_t kSphereNetPositionPacketType = 'posn';
```

还要做一点改进：在代码中放入这些 struct 时，必须包围在 #pragma pack(1) 和 #pragma options align=reset 之间。这是因为，C 编译器总是会牺牲空间来换取速度。如果计算机处理的数据是对齐的，处理速度则最快，所谓对齐是指数据所在的内存地址恰好是其大小的倍数。int32_t 类型是 4 字节，所以编译器会尝试使其地址是 4 的倍数。

如果在数组中使用，还会填充 struct 的末尾，使得下一个 struct 从一个对齐的地址开始。所有这些填充都是依赖于编译器的，不能成为网络协议的一部分。#pragma 告诉编译器停止填充，并把所有内容都压缩到尽可能少的空间，这正是我们打算通过网络向外发送数据时所希望的。

图 2-4 显示了没有 #pragma 时的原数据包结构，图 2-5 显示了修正后的版本。

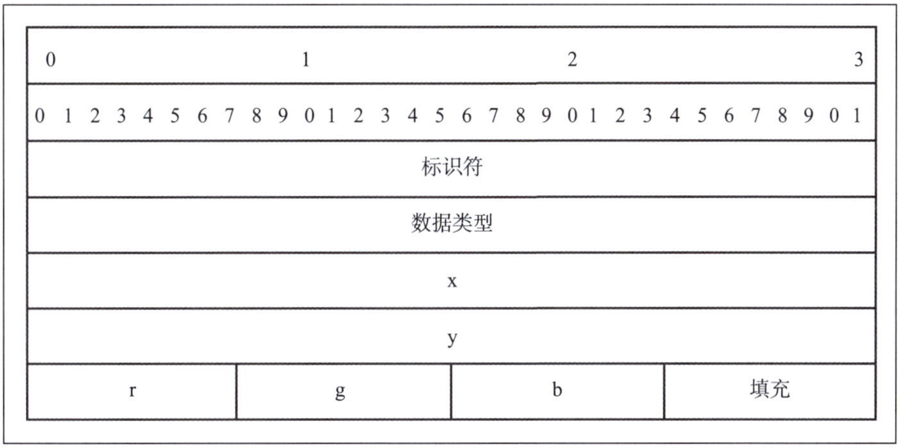

0 1 2 3
0 1 2 3 4 5 6 7 8 9 0 1 2 3 4 5 6 7 8 9 0 1 2 3 4 5 6 7 8 9 0 1
标识符
数据类型
x
y
r
g
b
填充

图 2-4　采用一个典型编译器的网络上数据包结构

0 1 2 3
0 1 2 3 4 5 6 7 8 9 0 1 2 3 4 5 6 7 8 9 0 1 2 3 4 5 6 7 8 9 0 1
标识符
数据类型
x
y
r
g
b

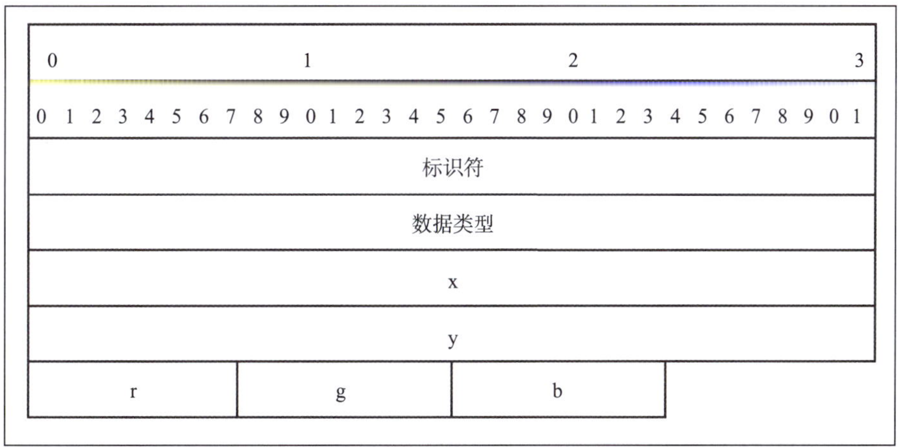

图 2-5　启用 #pragma pack(1) 的数据包结构布局

我们不打算让圆球改变颜色，所以每一个数据包中都发送颜色是多余的。确实，如果只发送一次颜色，然后只发送位置的改变是不是更好？

这是一个很好的想法，不过麻烦在于 UDP 本质是不可靠的。如果最初传输的颜色恰好丢失了，颜色信息就会永远丢失。在一个典型的 WIFI 网络上，丢包的可能性往往会有大约 1%，所以很有可能出现这种情况！如果确实只是在第一次传输时发送颜色数据，那么还必须采用某种方法让另一端确认已经接收到颜色数据包，并在这个数据包丢失时通知传送方重传。这样一来，代码突然变得复杂很多。相比之下，如果稍稍浪费一点，对每个位置更新追加 3 字节的颜色信息，从而确保另一端一定能得到颜色，这样会更为简单。

现在，你可能想知道如果丢失一个位置更新会发生什么。难道不会出现同样的问题吗？

位置更新的妙处在于，SphereNet 并不需要看到所有位置更新。如果它错过了中间的某个位置更新，下一个位置更新将修正这个问题。其结果是，圆球的路径与原来发送的路径稍有不同，不过这不算一个大问题。每次移动圆球时都发送一个位置更新并且定期地发送这些信息（即使圆球根本未移动），这样一来，即使存在偶尔的丢包，我们也可以轻松地确保 SphereNet 的每一个副本中所有圆球的位置都保持最新。

这里还有一个问题：需要明确把这些数据包发送到哪里。这里，Apple 的 Bonjour 技术可以派上用场了。SphereNet 可以向网络广播其存在，SphereNet 的所有其他副本可以使用 Bonjour 发现它。

2.3.3 理解字节序

在前面对数据包格式的描述中有一个细节我未做说明：**字节序**（endianness）。如果你对这个概念不太熟悉，可能会惊讶地了解到计算机在内存中表示整数时会采用两种不同的方式，即大端字节序（big-endian）和小端字节序（little-endian），而且这两种方式是不兼容的。

区别在于写一个多字节整数时所采用的字节顺序。以一个整数 305 419 896 为例。采用十六进制时，这个整数要写作 `0x12345678`。问题在于，它在内存中如何表示（举例来说，作为一个无符号 `char` 数组时如何表示）？一种明显的做法是直接按顺序来写：

```
unsigned char myInt[4] = { 0x12, 0x34, 0x56, 0x78 };
```

不过，还有一种方法也是合理的，虽然有些不太自然，这就是以相反的顺序来写，低位字节在前：

```
unsigned char myInt[4] = { 0x78, 0x56, 0x34, 0x12 };
```

前一种体系称为**大端字节序**，后一种称为**小端字节序**。目前，Mac 中使用的 Intel x86 CPU 采用小端字节序，iPhone 中使用的 ARM CPU 也是如此。较早的 Mac 中使用的 PowerPC 处理器采用大端字节序，一般的，通常会看到不同平台上分别使用不同的字节序。如果使用不正确的字节序读取数据，会得出混乱而且毫无意义的数字，所以明确字节序非常重要。

出于历史原因，大端字节序是网络上传输整数采用的事实标准，因此又通常被称为**网络字节序**。因此，我们也随大流将所有整数采用大端字节序发送。

说明

实际上，至少还存在另外一种字节序：中间端字节序（middle endian）！在一些较早的、少见的体系结构中，并没有使用前向也没有使用后向顺序，而是采用了一种奇怪的混合顺序，对于示例整数 305 419 896，会写为 `{ 0x34, 0x12, 0x78, 0x56 }`。正是由于在这样一些较老的系统上存储字符串 `"UNIX"` 时会表示为 `"NUXI"`，所以区别字节序的问题有时称为“NUXI 问题”。

2.3.4 编写网络代码

为了提供清晰的分离，让我们把所有网络代码都放在一个单独的类中，我在此把它命名为 `SphereNetNetworkController`。

这个控制器会做两件事。首先，本地圆球移动时，它会向其他控制器广播更新；其次，它会向主控制器通知自远程机器接收到的更新。由于只需完成两个任务，公共接口很简洁短小：

```
- (id)initWithDelegate:(id <SphereNetNetworkControllerDelegate>)delegate;
- (void)localSphereDidMove:(SphereNetSphere *)sphere;
```

还需要定义委托协议。由于它只完成一项工作，即向委托通知更新，所以这个协议只有一个方法。

```
@protocol SphereNetNetworkControllerDelegate

typedef struct
{
    float r, g, b;
    CGPoint position;
} SphereNetSphereUpdate;

- (void)networkController:(SphereNetNetworkController *)controller
          didReceiveUpdate:(SphereNetSphereUpdate)update
          fromAddress:(NSData *)address;

@end
```

另外，由于它在 `@interface` 行之前引用了 `SphereNetNetworkController`，需要在文件最前面的 `#import` 后面增加 `@class SphereNetNetworkController;`。

为了更简单、更清晰，我决定将一个更新所需的所有信息都封装在一个 `struct` 中，而不是每个元素分别设置一个单独的参数。

当然，我们还需要一些实例变量，为了明确需要哪些实例变量，必须对它将如何工作有所了解。

首先，需要一个实例变量来保存委托——这很容易。

还需要一个实例变量存储将用来发送和接收更新的 socket。POSIX socket 只是一个 int，很简单。

其次，要使用 Bonjour 来广播服务，这意味着需要一个指针指向将用来完成广播的 NSNetService。

还要使用 Bonjour 查找局域网上的其他 SphereNet 程序，这需要一个 NSNetServiceBrowser 指针。我们还需要跟踪它返回的所有 NSNetService，这些将保存在一个 NSMutableSet 中。

最后，还需要跟踪最后发送的更新，从而可以在无活动时定期地重传这个更新。之所以这样做是因为，一个远程圆球离开网络时没有什么好办法来得到通知。程序可以在它离开时广播一个“退出”数据包，但是不能保证这个数据包肯定会被传送，因为任何数据包我们都无法保证一定会被传送。对于这个问题，答案就是引入远程圆球超时。如果过一段时间后未收到任何更新，则将其从屏幕上去除。

为了确保不会只是因为用户手指停止移动而导致圆球被删除，我们会在程序空闲时定期地重发更新。为此，将借用 SphereNetSphereUpdate struct 建立一个实例变量来存储最新发送的更新，使更新能不时地重发。

以下是完整的 SphereNetNetworkController 接口：

```
@interface SphereNetNetworkController : NSObject
{
    id <SphereNetNetworkControllerDelegate> _delegate;

    int _socket;

    NSNetService *_advertisingService;
    NSNetServiceBrowser *_browser;
    NSMutableSet *_services;

    SphereNetSphereUpdate _lastSentUpdate;
}

- (id)initWithDelegate:(id <SphereNetNetworkControllerDelegate>)delegate;
- (void)localSphereDidMove:(SphereNetSphere *)sphere;

@end
```

另外，由于引用了 SphereNetSphere，所以在文件最前面的 #import 行后面增加前置声明（forward declaration）@class SphereNetSphere;。

现在来具体编写代码！首先从初始化方法开始，它必须完成一组不同的任务。首先要完成基本的对象初始化，如指定委托 ivar、创建服务对象，等等。还需要创建 socket，并将其绑定到一个端口，以便接收数据包。它需要广播 Bonjour 服务，并启动搜索其他服务。另外，它还需要启动一个线程来监听到来的数据包。

初始化方法最前面部分很简单。

在 SphereNetNetworkController.m 中，增加以下代码：

```
#include <netinet/in.h> // sockaddr_in
#include <sys/socket.h> // socket(), AF_INET
```

深入研究以下代码清单中的 socket 之前，在 @implementation 行之上增加必要的 #include 语句。另外，由于要引用圆球，所以还要使用 #import "SphereNetSphere.h" 导入其头文件。

```
- (id)initWithDelegate:(id <SphereNetNetworkControllerDelegate>)delegate
{
    if((self = [self init]))
    {
        // 指定委托
        _delegate = delegate;

        // 设置服务容器
        _services = [[NSMutableSet alloc] init];

        // 设置 UDP socket
        _socket = socket(AF_INET, SOCK_DGRAM, 0);
```

最后一个调用是 POSIX 调用，它将建立一个新的 socket 来完成网络通信。AF_INET 参数指出这要作为一个 IPv4 socket（而不是 IPv6、UNIX 域 socket，或者其他 socket）。SOCK_DGRAM 参数指出我们要使用 UDP（也称为数据报），最后一个参数指定不适用 UDP 的一个协议，所以传入 0①。

① socket(AF_INET,SOCK_DGRAM,0) 函数中第三个参数通常是 IPPROTO_UDP，表示 UDP 协议，使用 0 时内核会选择 UDP 协议。怀疑这里作者的解释有误。——译者注

接下来，需要将这个 socket 绑定到一个本地端口。这里有点奇怪，因为 socket 的 API 很古老，也有些怪异。bind() 调用会把 socket 绑定到一个地址。从 socket 的角度看，地址是一个 IP 地址加上一个端口。IP 地址允许我们绑定到一个特定的接口而不是全面监听，不过要为所使用的每一个接口绑定一个特殊的常量。地址指定为一个 struct，对于每一种不同的协议（IPv4、IPv6 等）分别有一个不同的 struct。IPv4 地址使用 struct sockaddr_in 指定，而 IPv6 地址使用 struct sockaddr_in6 指定。不过 bind() 需要能够接受各种类型的地址，因为它要处理任意类型的 socket，所以要取一个泛型类型 struct sockaddr，并要求不同类型的地址强制转换为这种类型。这确实有些古怪，不过大多数情况下都可以直接得到并使用一些现有的代码，下面就来给出这些代码。首先，建立基本部分：

```
struct sockaddr_in addr;
bzero(&addr, sizeof(addr));
addr.sin_len = sizeof(addr);
addr.sin_family = AF_INET;
addr.sin_addr.s_addr = INADDR_ANY;
```

很好理解，这里声明了地址 struct，然后将其置为 0，从而不必操心填充每一个字段。它会按其真实长度设置 struct 的长度字段（因为不同类型的地址有不同的大小，接收者需要知道这里占多少内存），并在 family 字段中填入 socket 类型。最后指出可以是任意地址，这说明应当绑定到每一个接口。

接下来，具体绑定到一个端口：

```
addr.sin_port = htons(0);
bind(_socket, (struct sockaddr *)&addr, sizeof(addr));
```

通过指定 sin_port 为 0，bind() 知道只需选择一个随机的可用端口。只要端口是打开的，我们并不关心具体得到什么端口。

你可能会对 htons() 调用感到好奇。还记得有关字节序的讨论吗？这里就要用到字节序的思想。“hotns”名实际上代表“host to network short”。换句话说，它取一个 short 值，并把它从主机（本地）字节序转换为网络字节序。这很有必要，因为 sin_port 字段指定为采用网络字节序，而不是主机字节序。很奇怪，但是确实如此！

接下来，要广播我们刚才创建的那个服务。在此之前，需要知道所监听的端口，以便告诉网络向哪里发送数据。getsockname() 调用会完成这个工作：

```
socklen_t len = sizeof(addr);
getsockname(_socket, (struct sockaddr *)&addr, &len);
```

然后，让 NSNetService 来广播我们的存在：

```
// 广播新创建的 socket
_advertisingService = [[NSNetService alloc]
              initWithDomain:@"local."
              type:@"_spherenet.udp."
              name:[[UIDevice currentDevice] uniqueIdentifier]
              port: ntohs(addr.sin_port)];
[_advertisingService publish];
```

注意 ntohs() 调用的使用，它的工作与 htons() 正相反，它取一个采用网络字节序的 short，并将其转换回主机字节序。

还要创建一个 NSNetServiceBrowser 开始查找其他服务：

```
// 开始查找网络上的其他服务
_browser = [[NSNetServiceBrowser alloc] init];
[_browser setDelegate:self];
[_browser searchForServicesOfType:@"_spherenet._udp."
              inDomain:@""];
```

最后，创建监听者线程，并结束初始化方法：

```
        // 启用监听者线程
        [NSThread detachNewThreadSelector:@selector(listenThread)
                                 toTarget:self
                               withObject:nil];
    }
    return self;
}
```

-listenThread 方法将读取从网络到来的所有数据，完成数据传输代码之后我们会具体编写这个方法。另外，不要忘记 dealloc。尽管这个对象只存在于应用的生命期以内，不过增加 dealloc 是一个很好的习惯：

```
- (void)dealloc
{
    [_advertisingService stop];
    [_browser stop];

    [_advertisingService release];
    [_browser release];

    [_services release];
```

```
    [super dealloc];
}
```

接下来，我们要实现一些 NSNetServicesBrowser 委托方法，以便查找搜索的结果。委托方法有很多，不过对于这个程序来说只有两个委托方法有意义：其中一个委托方法通知出现了一个新服务，另一个委托方法通知一个现有的服务已经离开。

出现一个新服务时，它还没有得到解析。换句话说，系统知道服务存在，但是并不知道它的地址。必须明确地要求系统解析所找到的所有新服务的地址。除此以外，还要把找到的服务增加到一个服务列表中，其中包含我们希望与之通信的所有服务；服务离开时，则将其从列表中删除。这种做法很简洁，也很容易。另外，还要做一个改进。我们不希望发送到我们自己的服务，因为这只会带来混乱，所以如果服务名与当前设备 ID 匹配，则完全忽略该服务：

```
- (void)netServiceBrowser:(NSNetServiceBrowser *)browser
                         didFindService:(NSNetService *)service
                         moreComing:(BOOL)moreComing
{
    if([[service name] isEqualToString:
                         [[UIDevice currentDevice] uniqueIdentifier]])
        return;

    [service resolve];
    [_services addObject:service];
}

- (void)netServiceBrowser:(NSNetServiceBrowser *)browser
                         didRemoveService:(NSNetService *)service
                         moreComing:(BOOL)moreComing
{
    [_services removeObject:service];
}
```

接下来，我们要实现一个方法向所有已知服务发送一个位置更新。我们将利用之前开发的数据包格式 struct，用它们来生成要发送的数据。首先，声明适当的 struct 并填充首部：

```
- (void)sendUpdates
{
    PositionPacket packet;
    packet.header.identifier = CFSwapInt32HostToBig(
                               kSphereNetPacketIdentifier);
    packet.header.datatype = CFSwapInt32HostToBig(
                               kSphereNetPositionPacketType);
```

你可能已经猜到，调用 CFSwapInt32HostToBig() 同样是因为字节序问题。这一次，我们使用一个 Core Foundation 函数完成字节交换，而不像前面那样使用 POSIX 函数。这更多的是出于美感，不过在这里我倾向于使用 Core Foundation 函数，因为它们可以明确地指出所交换的数据的大小。

既然首部已经完成，再以类似的方式填充数据包的余下部分：

```
packet.r = round(_lastSentUpdate.r * 255.0);
packet.g = round(_lastSentUpdate.g * 255.0);
packet.b = round(_lastSentUpdate.b * 255.0);
packet.x = CFSwapInt32HostToBig(round(_lastSentUpdate.position.x));
packet.y = CFSwapInt32HostToBig(round(_lastSentUpdate.position.y));
```

接下来，发送数据包，这个工作使用 socket 函数 sendto() 来完成。它取一个 socket、数据、选项以及一个地址作为参数，然后将数据发送到给定的地址。这里没有建立永久的连接，所有一切都由一个调用完成，这正是我们所需要的。地址可以直接从 NSNetService 对象得到。通过一个简单的嵌套循环处理目前为止发现的所有服务的地址，并向各个地址发送数据包：

```
    for(NSNetService *service in _services)
        for(NSData *address in [service addresses])
            sendto(_socket,
                   &packet,
                   sizeof(packet),
                   0,
                   [address bytes],
                   [address length]);
```

在此之后，使用一个延迟执行（delayed perform）调度这个方法每秒运行一次（如果没有做其他工作）。通过取消之前的执行请求，可以确保任何时刻都只有一个延迟执行请求在排队：

```
    [NSObject cancelPreviousPerformRequestsWithTarget:self selector:_cmd
                                               object:nil];
    [self performSelector:_cmd withObject:nil afterDelay:1.0];
}
```

这里有一个有些费解的快捷方式需要进一步讨论，即 _cmd 的使用。这是每个 Objective-C 方法都有的一个隐藏参数，与 self 很类似。self 参数会隐式传递到每一个方法，指示向哪个对象发送消息。_cmd 参数也会隐式传递到每一个方法，其中包含用来调用当前方法的选择器。在这里，_cmd 就相当于 @selector(sendUpdates) 的一个快捷方式，因为这正是当前方法名。

有了这个方法，-localSphereDidMove:方法的实现就很简单了。更新_lastSentUpdate 实例变量，然后调用 -sendUpdates：

```
- (void)localSphereDidMove:(SphereNetSphere *)sphere
{
    _lastSentUpdate.r = [sphere r];
    _lastSentUpdate.g = [sphere g];
    _lastSentUpdate.b = [sphere b];
    _lastSentUpdate.position = [sphere position];

    [self sendUpdates];
}
```

以上就完成了发送，现在来看接收。接收会在一个线程中完成，其中只是循环并尝试从 socket 接收消息。要接收消息，必须分配一个缓冲区，然后调用 recvfrom() 方法，它对应于 sendto() 方法。sendto() 将一些数据传送到一个特定的地址，recvfrom() 则是将数据接收到一个缓冲区，并返回数据来源的地址。返回这个地址很有必要，因为我们需要知道数据来自哪个地址，从而确定要更新哪个圆球或者是否增加一个新的圆球。以下是这个循环的第一部分：

```
- (void)listenThread
{
    while(1)
    {
        PositionPacket packet;
        struct sockaddr addr;
        socklen_t socklen = sizeof(addr);
        ssize_t len = recvfrom(_socket,
                               &packet,
                               sizeof(packet),
                               0,
                               &addr,
                               &socklen);
        if(len != sizeof(packet))
            continue;
```

注意最后的长度检查。在网络编程中，对于来自网络的所有数据都要极为谨慎，这很重要。在这里，如果长度与我们期望的不符，则将这个数据包完全忽略。

接下来，检查数据包首部，确保标识符和类型与预期一致：

```
        if(CFSwapInt32BigToHost(packet.header.identifier)
              != kSphereNetPacketIdentifier)
           continue;
        if(CFSwapInt32BigToHost(packet.header.datatype)
```

```
            != kSphereNetPositionPacketType)
        continue;
```

这很简洁，因为我们只取一种数据类型。如果有多种类型，长度检查就会更为复杂，因为必须根据 datatype 字段采取不同的动作。由于我们只接受一种数据类型，所以如果不是这种类型，可以直接返回到循环开始处。

下面来通知委托。不过，我们并不希望直接通知委托，因为我们不在主线程上，而这可能会导致各种麻烦。实际上，我们将把适当的数据打包，然后把调用交给主线程，并从主线程调用委托：

```
        NSAutoreleasePool *pool = [[NSAutoreleasePool alloc] init];
        NSData *packetData = [NSData dataWithBytes:&packet
                                    length:sizeof(packet)];
        NSData *addressData = [NSData dataWithBytes:&addr length:socklen];
        NSArray *arguments = [NSArray arrayWithObjects:packetData,
                                                       addressData,
                                                       nil];
        SEL mainThreadSEL = @selector(mainThreadReceivedPositionPacket:);
        [self performSelectorOnMainThread:mainThreadSEL
                                    withObject:arguments
                                    waitUntilDone:YES];
        [pool release];
    }
}
```

-mainThreadReceivedPositionPacket: 的实现很简单。解开打包的参数，根据数据包信息建立一个 SphereNetSphereUpdate，然后通知委托：

```
- (void)mainThreadReceivedPositionPacket:(NSArray *)arguments
{
    // 从上面创建的数组抽取对象
    NSData *packetData = [arguments objectAtIndex:0];
    NSData *addressData = [arguments objectAtIndex:1];
    const PositionPacket *packet = [packetData bytes];
    SphereNetSphereUpdate update;

    // ……更新 SphereNetSphereUpdate 结构
    update.r = (float)packet->r / 255.0;
    update.g = (float)packet->g / 255.0;
    update.b = (float)packet->b / 255.0;
```

```
    // ……考虑字节序的差别
    int32_t x = CFSwapInt32BigToHost(packet->x);
    int32_t y = CFSwapInt32BigToHost(packet->y);

    update.position = CGPointMake(x, y);

    [_delegate networkController:self
                 didReceiveUpdate:update
                 fromAddress:addressData];
}
```

以上就是网络控制器的全部。现在，只需将这个控制器集成到视图控制器，我们就大功告成了！

2.4 集成网络与 GUI

需要向 SphereNetViewController 增加 3 个基本功能，才能配合刚才编写的所有这些漂亮的网络代码：

- 需要具体创建 SphereNetNetworkController 的一个实例，只要用户移动本地圆球就通知这个实例；
- 需要跟踪所有远程圆球，一旦从网络控制器收到一个更新就移动相应圆球；
- 如果圆球在一定时间内没有任何动作，需要将这些不活动的圆球删除。

为了支持这 3 个任务，要为类增加 3 个实例变量。

```
SphereNetNetworkController *_netController;
NSMutableDictionary *_remoteSpheres;
NSTimer *_idleRemovalTimer;
```

类似于 _localSphere，-viewDidLoad 中还将设置网络控制器和空闲定时器。

再回到 SphereNetViewController.m，在 -viewDidLoad 的最后增加以下代码：

```
if(!_netController)
{
    netController = [[SphereNetNetworkController alloc]
                                 initWithDelegate:self];
    [_netController localSphereDidMove:_localSphere];
}
if(!_idleRemovalTimer)
```

```
{
    _idleRemovalTimer = [[NSTimer scheduledTimerWithTimeInterval:5
                        target:self
                        selector:@selector(idleRemoval)
                        userInfo:nil
                        repeats:YES] retain];
}
```

要在本地圆球移动时通知网络控制器，还需要在 -moveLocalSphereFromTouch: 中增加一行代码，如下所示：

```
if(touch)
{
    [_localSphere setPosition:[touch locationInView:[self view]]];
    [_netController localSphereDidMove:_localSphere];
}
```

为了响应更新，需要实现 SphereNetNetworkController 委托方法。为确保更新正确的圆球，要使用发送者的地址作为键来查找一个现有的圆球。如果不存在这样的圆球，则创建一个新圆球，并将其增加到远程圆球列表中，另外还要建立它的 CALayer。如果远程圆球字典尚未创建，那么还需要创建这个字典。最后，设置圆球的颜色和位置。代码如下：

```
- (void)networkController:(SphereNetNetworkController *)controller
         didReceiveUpdate:(SphereNetSphereUpdate)update
              fromAddress:(NSData *)address
{
    SphereNetSphere *sphere = [_remoteSpheres objectForKey:address];
    if(!sphere)
    {
        sphere = [[[SphereNetSphere alloc] init] autorelease];
        if(!_remoteSpheres)
            _remoteSpheres = [[NSMutableDictionary alloc] init];
        [_remoteSpheres setObject:sphere forKey:address];
        [[[self view] layer] addSublayer:[sphere layer]];
    }

    [sphere setColorR:update.r g:update.g b:update.b];
    [sphere setPosition:update.position];
}
```

对于最后一个任务，即删除闲置的圆球，我们的目标是删除在过去 10s 内没有更新的所有圆球。由于没有显式的断开连接命令，这种超时机制是检测一个 SphereNet 远程副本离开的唯一途径。

我没有提供一个显式的断开连接命令，这更多的是出于简单性考虑。这个命令并不是绝对必要的，不过增加这样一个命令可能也不坏，那样的话，断开连接的圆球就会立即消失。不过要注意，即使有这样一个命令，仍然需要采用上述方式删除闲置圆球，原因很简单，即不能保证断开连接命令一定能到达。处理网络代码时，总是要考虑网络本质上的不可靠性，这里也不例外。

这种删除闲置圆球的方法很不错，也很简单。只需迭代处理远程圆球字典，查看每个圆球的最后更新时间（为此前面已经很聪明地定义了一个属性）。如果最后更新时间在过去的 10 s 之前，则从字典中将该圆球删除，并从屏幕上删除它相应的图层。这里还有一点小技巧，因为迭代处理 NSMutableDictionary 时不允许对它进行修改，所以我们先将所有失效的地址存储在一个数组中，并在迭代处理完之后将这些地址全部删除。代码如下：

```
- (void)idleRemoval
{
    NSTimeInterval now = [NSDate timeIntervalSinceReferenceDate];
    NSMutableArray *toRemove = [NSMutableArray array];
    for(NSData *address in _remoteSpheres)
    {
        SphereNetSphere *sphere = [_remoteSpheres objectForKey:address];
        if(now - [sphere lastUpdate] > 10)
        {
            [toRemove addObject:address];
            [[sphere layer] removeFromSuperlayer];
        }
    }
    [_remoteSpheres removeObjectsForKeys:toRemove];
}
```

如果网络上有几千个远程机器，这样做可能效率很低。不过，实际中一般不太可能超过几十台机器，所以这种强力搜索还是可行的。

大功告成了！现在所有部分都已经就位（可以返回看看图 2-1 中完成的游戏）。可以在多个不同的计算机上启动 SphereNet，一切都应当是同步的。如果你没有多个不同计算机，可以在 iPhone 上运行一个副本，再在模拟器中运行一个副本，这就足以看到网络代码的实际作用。

如果你想进一步积累网络编程经验，这个完成的 SphereNet 示例提供了一个很好的平台，可以在它基础上尝试编写更复杂的代码。以下是对改进的几个想法。

- 扩展当前消息格式以支持不同的形状和不同大小。
- 增加一个断开连接消息，使断开连接的圆球能被立即删除而不必等待超时。
- 只发送位置数据而不包括颜色数据以使更新更为高效。在一个一次性引导消息中单独地发送颜色。不要忘记让协议检测这个引导消息，如果这个消息在传输中丢失则要重传！

2.5 小结

现在，SphereNet 示例已经具有完备的功能，这一章也告一段落。首先，我们开发了一个基本的本地版本程序，并确立网络化目标。接下来，我们详细研究了希望由网络化支持得到什么，并设计了一个网络协议来达到这些目标。在此基础上，我们编写了一个网络控制器实现这个协议。最后，我们将这个网络控制器插入到原来的本地代码以建立最终的网络化应用，此外还对如何扩展这个应用给出了一些想法。

iPhone 的强大之处在于它拥有一直可用的无限制的网络连接。通过在应用中集成网络，可以让你的 iPhone 应用更出色，使世界各地的客户都能相互连接。

Gary Bennett

所在公司： xcelMe.com

位置： 美国亚利桑那州斯科特斯德

开发经历： 曾在两艘美国海军潜艇上效力，担任核动力工程师达十年。后来又做了十年的 Windows、Linux 和 Mac OS X 应用开发。曾担任一家国内保健公司的首席信息官，该公司于 2002 成功上市。使用的开发工具包括 Windows Visual C/C++、Linux C/C++、Objective-C、MYSQL 和 Oracle DB。

iPhone 开发经历： EA Sports Tee Shot Live、Colorado Snow Report、Utah Snow Report、RSS Parsing 和 SQLite 3。

本章内容： 本章主要研究进程、线程、竞态条件、临界区、异步编程、死锁、多线程基础、创建线程、多线程危险、构建多线程应用以及运行循环。

关键技术：

- 多线程
- 临界区
- 死锁

第3章

"一心多用"：利用多线程提升性能

在我上高中二年级时，我们班有了第一台计算机，那是一台 Apple II+。老师打开计算机的顶盖后，我们都往里面看，它的 6502 处理器和超大的内存（48KB 的 RAM）令我们无比惊奇。我正是从那个时候开始对技术（特别是计算机科学）深深着迷。

高中毕业后，我加入了海军并成为一个核动力工程师，曾在两艘不同的潜艇上工作过，一个是洛杉矶级快速攻击潜艇，另一个是俄亥俄级弹道导弹潜艇。在华盛顿的海军潜艇基地班戈的最后任职期间，我听说一所大学在基地创办了一个分院并开设了晚上课程，通过 4 年学习最后可以获得计算机科学专业的学位。我迫不及待地以最快的速度注册了。那是 1990 年，当时我的大多数讲师有的正在微软公司研究一种新的操作系统技术，有的作为军队承包商正在开发一些相当高级的机密技术。那些在微软公司工作的讲师称他们开发的这种"新技术"支持真正的抢占式多任务，并支持为应用创建线程。

我们的分院规模很小，没有能力购置昂贵的大型 Unix 计算机。微软公司也不愿意让我们窥视其正在开发的新技术，不过还好我们有 Alfred V. Aho 和 Jeffrey D. Ullman 所著的龙书（《编译原理》）和 DOS，还有一个名为 MINIX 的类 Unix 操作系统（几年之后，Linus Torvalds 从 MINIX 中得到灵感开发了 Linux 操作系统）。我们与讲师一同花费了很长时间研究这些代码，学习它与这项新技术有何关系。我很快就看出多任务和多线程的强大作用，意识到它能大大改善用户体验。

Windows NT 发布几个月之后，我获得了学位并从海军退役。更重要的是，我有了一个曾使用 Windows NT 并编写过多线程应用的背景。多年之后，我从编写 Windows 应用转向 Linux 应用。2002 年，我又转向 Mac OS X。2008 年，我听说 iPhone 将以 Mac OS X 作为它的操作系统后，我再一次迫不及待地注册并成为 iPhone 开发人员。iPhone 将具有支持不同类型多线程 API 的能力，这些 API 包括：POSIX 线程、NSObject、NSThread 和 NSOperation。

即使作为一个有 Objective-C 和 Cocoa 背景的 Windows 和 Linux C/C++ 程序员，我发现开发第一个 iPhone 应用时的学习曲线仍然很不平坦。另外，我还发现让我的第一个 iPhone 应用真正在 iPhone 上运行的过程相当艰难。

前面已经提到过，iPhone SDK 强大的功能、丰富的特性和成熟性让我为之惊奇。iPhone SDK 推出一年之后，开发人员可以得到相关的工具、SDK、文档和一个模拟器，还可以得到软件开发历史上绝无仅有的一个软件发布系统。从某种意义上讲，这要归功于 iPhone 操作系统所基于的强大的 Mac OS X 操作系统。iPhone 操作系统是一个真正的抢占式、多任务操作系统，允许开发人员创建多线程应用。

本书其他作者已指出，在 iPhone 应用中引入多线程有时会额外增加一层复杂性，因此要尽可能避免。没有人一开始就打算编写一个多线程应用。不过，为了达到所需的效果，通常必须在应用中引入多线程。你的计算机上很多应用都是多线程的。很多 iPhone 应用也是多线程的，而且如果设计得当可以很好地得到维护。通常，首先要看创造者如何理解工具，以及如何适当地使用工具。

利用多线程，计算机程序员可以让他们的软件同时完成多项任务。有时应用完成一个任务可能需要几秒的时间，而在此期间你不希望用户等待。例如，应用可能需要从互联网下载信息。你可能希望在后台完成下载工作的同时，用户能够在屏幕上看到活动指示符，或者能够导航到应用的其他部分。可以通过多线程为应用增加这种响应性。

本章将介绍多线程的主要原则。我们将开发一个简洁的小 iPhone 应用，展示所有这些原则。另外，我们还会考虑与多线程有关的常见问题以及如何避免这些陷阱。

3.1 开始编写多线程应用

拿着一个 iPhone 时，我手中实际上是一个配备 Unix 操作系统的抢占式、多任务计算机，它有一个图形界面，并提供 GPS 功能、Wi-Fi 以及大量内置的函数库，另外这也是一个手机，这实在让人惊叹。真是了不起！

在编写多线程 iPhone 应用之前，先来逐一介绍以下术语和概念：

- 线程
- 进程
- 多任务
- 同步
- 临界区
- 竞态条件
- 互斥锁
- 死锁

学习新概念（有时甚至令人生畏）时，我都会这样告诫 xcelme.com 的学生：先学习概念，然后使用 KISS 原则来应用这些概念（KISS，即“keep it simple, silly”，就是力求简单和“傻瓜”[①]）。这里也将如此。学习这些多线程概念之后，我打算在一个基本 iPhone 应用中具体应用这些概念，这个应用允许用户创建多个线程，并且可以对线程的终止和数据访问加以控制。通过这个应用，你将理解基本的多线程概念，并且能够确定使用多线程的时机。最重要的是，你可以使用这些知识创建非凡的 iPhone 应用。

3.1.1 明确何时使用线程

在计算机科学中，**线程**（thread）或**执行线程**（thread of execution）是计算机程序中的一个分支（fork），会引发两个或多个并发运行的任务。线程包含在计算机程序中。

基本说来，如果应用在完成一个或多个任务的同时还需要保证对用户的响应性，就应当对应用使用多线程。很多时候，iPhone SDK 会使你清晰看到这项需求，不过我往往吃了苦头才发现这一点。我曾为一个客户开发一个应用，其中需要读取多个 RSS 提要，并为用户提供一个视觉提示，指出在用户等待期间应用确实还在工作。这通常利用屏幕中央的一个活动旋转指针（spinner）来完成。我希望背景变暗，并在应用读取和解析 RSS 提要的时候显示这个活动旋转指针。为此，需要创建一个线程将背景变暗并显示活动旋转指针。同样地，开始编写 Colorado Snow Report 应用（见图 3-1）时我原本并没有打算编写一个多线程应用，不过在查看如何使用旋转指针功能时，我发现别无选择。幸运的是，通过 iPhone SDK 可以支持多线程，而且不会增加太多复杂性。

人们有时会问：“为什么要使用线程？要知道，我只有一个处理器。”对目前来说，确实如此，因为当今的 iPhone 只有一个 CPU。不过，随着以后多个 CPU 和图像处理器的增加，以及

① 与“傻瓜”相机中的“傻瓜”含义相同，指便于理解、便于使用。——译者注

iPhone 应用还将用于其他 Apple 触摸屏设备，这种情况肯定会改变。更重要的是，即使只有一个处理器，与用户传送指令的速度相比，处理器能够以更快的速度执行大多数指令。与大多数当前操作系统类似，OS X 操作系统支持多任务。**多任务**（multitasking）是指，操作系统控制多个进程共享 CPU 时间并等待它们的时间片到来，以达成多个任务同时运行的效果。操作系统会让 CPU 为一个进程服务几毫秒，然后要求这个进程进入休眠状态，而让 CPU 为其他进程提供服务。

这种抢占式多任务非常适合 iPhone。应用正在运行时，突然打入一个电话，此时操作系统会介入，将你的应用置为休眠状态，先为这个电话服务，等电话打完后，再继续服务你的应用。在一个抢占式的多任务环境中，操作系统会为进程设置优先级以及分享的运行时间，从而不会有进程因为得不到服务而“饥饿”。

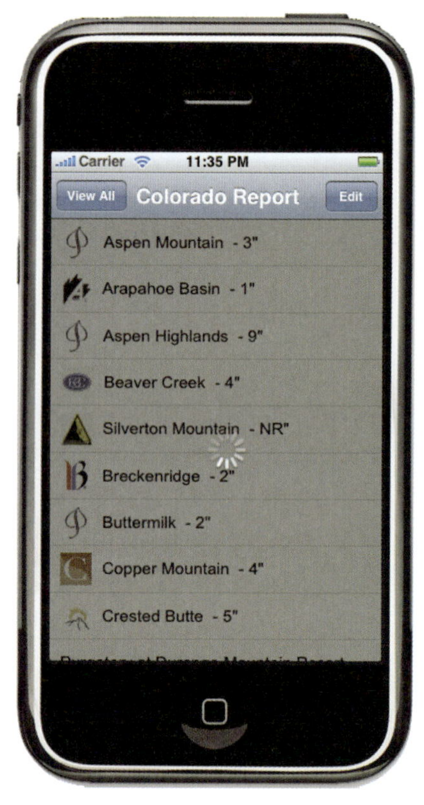

图 3-1 iPhone 模拟器正在运行 Colorado Snow Report。注意，当应用从互联网上获取数据时，应用背景置灰，活动指示器在旋转

3.1.2 理解多线程基础

要讨论新的编程概念，最好的方法是首先确保理解一些关键词，以及它们如何应用。

第一个重要术语是“进程”。**进程**（process）就是正在运行的应用；图 3-2 显示了一个简单的进程。每个进程都有其自己的地址空间和调用栈来跟踪方法、变量和事件。

应用正在运行并且需要创建一个线程时，会向线程传递一个要由线程处理的对象。线程可能运行几秒时间然后自行终止，它也可以在进程生命期中循环运行。进程终止时，所有相关线程也会终止。

操作系统会为线程提供一个时间片，在此期间让处理器为该线程服务。不要依赖于操作系统为线程提供定量的时间或者指定某个优先级。如果你同时创建了 4 个相同的线程，不要指望这些线程会按其创建的顺序完成。这就引入了**同步**（synchronization）的概念。

如果多个线程试图访问资源并同时完成读和写操作，资源的值可能不正确，而且很可能被破坏。例如，假设两个线程分别表示一个游戏应用中的两个角色，且这两个线程同时运行。同步是指保持数据一致或者维护线程之间数据的完整性。如果一个线程试图读取 `gameScore` 变量，而同时另一个线程试图更新 `gameScore` 变量，`gameScore` 变量就可能不正确，如图 3-3 所示。

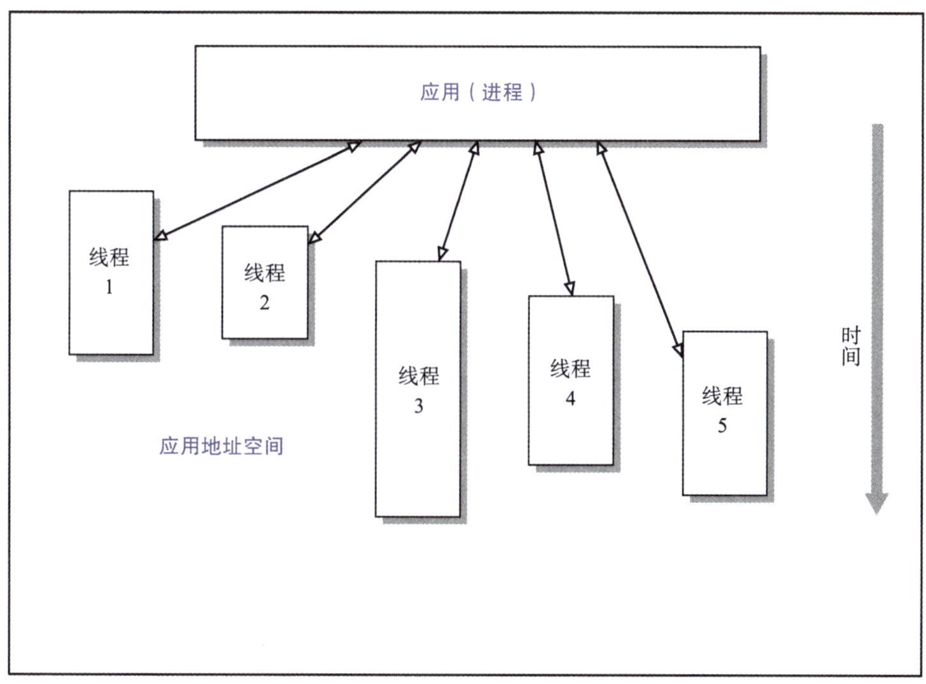

图 3-2 iPhone 应用在运行期间创建线程

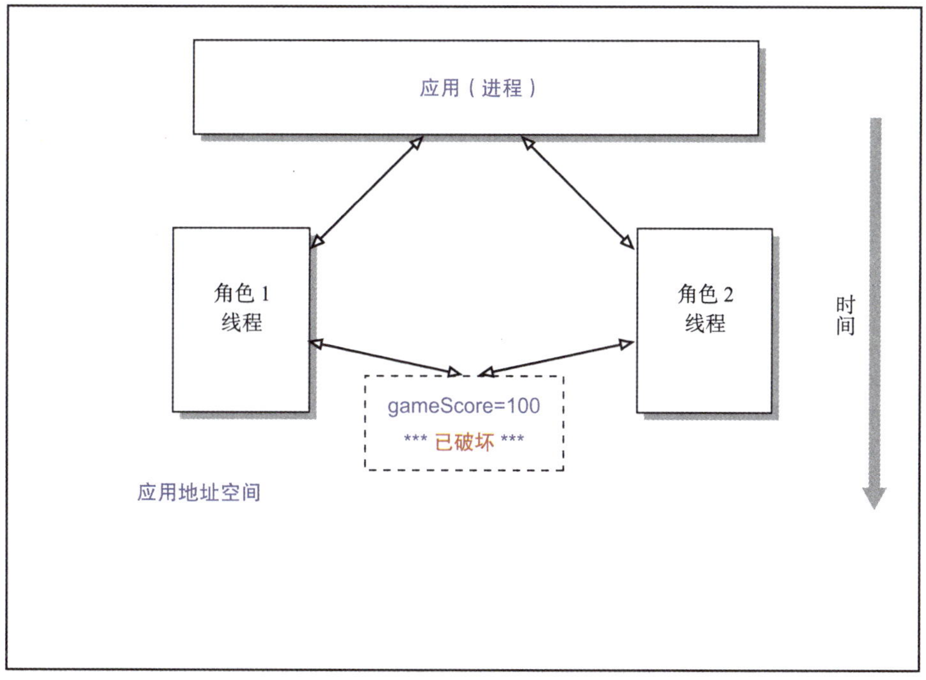

图 3-3 两个线程试图同时访问共享数据，这会破坏数据

临界区（critical section）是一段代码，可以保护共享资源，防止多个线程同时访问这段代码而破坏共享资源。要进入一个临界区，线程必须得到一个信号量（允许它进入临界区），访问资源，然后离开。线程处于临界区中时，不允许其他线程再访问这段代码，如图 3-4 所示。

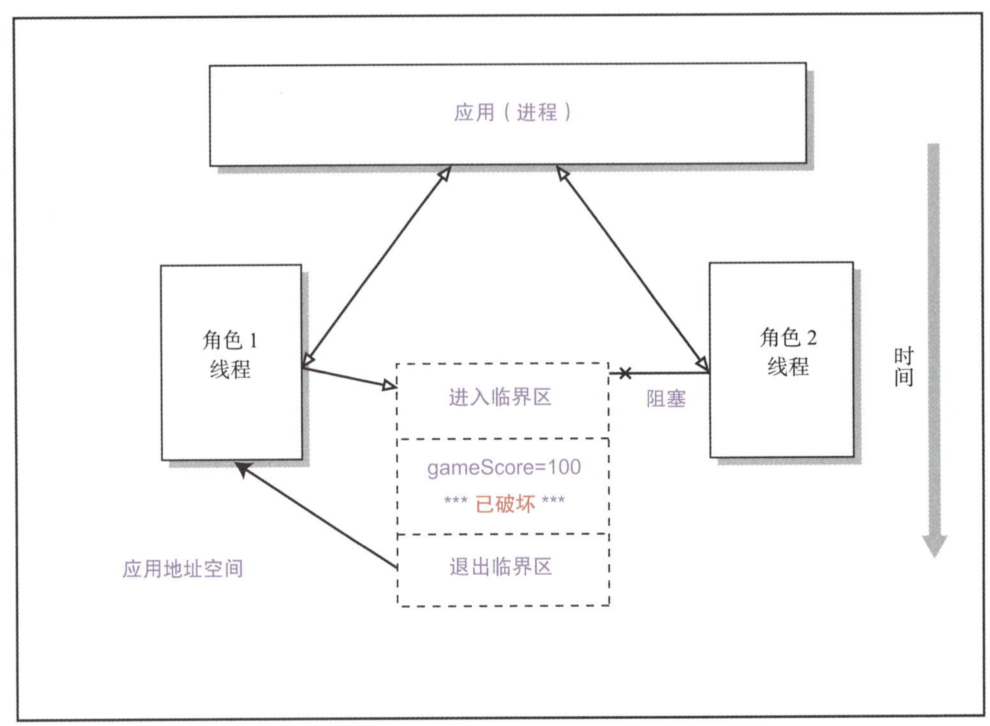

图 3-4　通过使用临界区，两个线程可以成功地同时访问数据

3.1.3　避免线程陷阱

本章将重点讨论多线程应用中的一个常见问题——共享数据。不过，首先需要知道编写多线程应用时会遇到很多问题。

有时，应用会意外地依赖于线程执行的顺序，这是多线程应用的一个常见陷阱。存在某些条件时，线程访问资源的时间顺序可能导致出乎意料的结果。这种情况通常称为一种**竞态条件**（race condition）。例如，应用可能创建多个线程来访问互联网。大多数情况下，因为第 3 个线程总是最后完成任务，所以应用都能很好地工作。不过，如果线程 3 第一个完成任务，应用就会崩溃，因为你根本没有预计到会发生这种情况。对此的一种解决方案可能是让每个线程在开始其任务之前先锁定它需要的所有资源，这是通过使用**互斥锁**（mutex）完成的，“mutex”是“mutual exclusion”的简写，表示只能在二者中取其一而不能全选）。在多线程中互斥锁用来避免同时使用一个公共资源。很多著名的竞态条件例子就曾导致灾难性的后果。其中一个例子就是 NASA 的火星探测车“勇气号”着陆后不久几乎与地面失去联系。另一个竞态条件发生在 2003 年，当时通用电气能源集团提供的能源管理系统中出现了多个故障，导致了一个非预期的线程顺序，以至于发生了 2003 年的北美大停电。

两个或多个线程永远阻塞，互相等待对方释放各自单独持有的资源时，则会出现线程应用中另一个常见的陷阱。这称为一个**死锁条件**（deadlock condition）。

图 3-5 显示了一个死锁条件，两个线程在继续执行之前分别在等待对方释放其数据库表的锁，此时就会发生这种死锁。角色 1 的线程锁定了 `score` 数据库表，然后要锁定 `shield` 数据库表。角色 2 的线程锁定了 `shield` 数据库表，然后要锁定 `score` 数据库表。这两个线程都无法继续，因为这里出现了一个死锁条件。在我们的示例应用中你会看到这种情况是如何发生的以及如何避免。

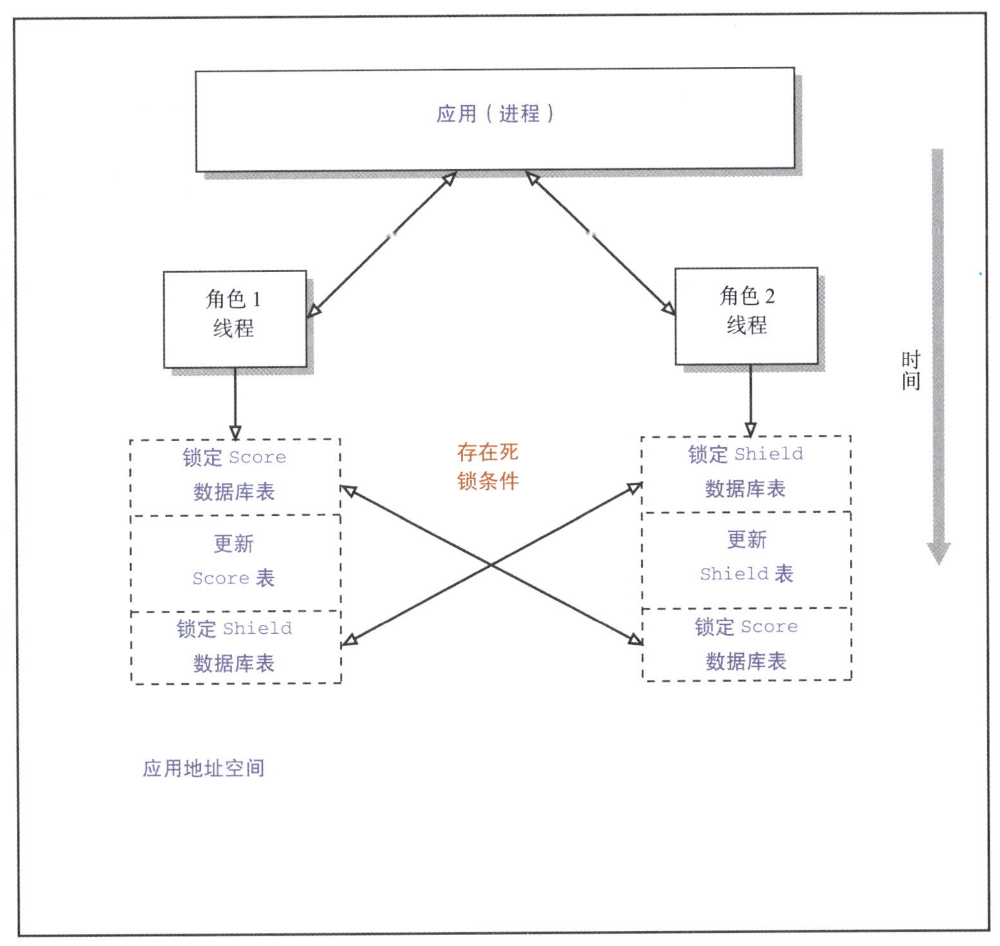

图 3-5　导致一个死锁条件的两个线程

3.2　编写 Thread the Needle 应用

前面已经给出了足够的解释，下面来具体编写应用。本节我们将编写多线程应用。我们将连接 outlet 和动作，然后编写多线程代码。

3.2.1　构建应用

这个简单的 iPhone 应用示例展示了如何克服开发人员编写多线程应用时最常遇到的问题之一——如何在线程之间共享数据。

下面编写如图 3-6 所示的简单 iPhone 应用，来强调多线程的有关问题。这个应用允许用户创建最多 4 个线程，用户可以在任意时间杀掉任意线程，也可以同时杀掉所有线程。这 4 个线程都会访问同样的共享变量，我们将这个应用取名为"Thread the Needle"。

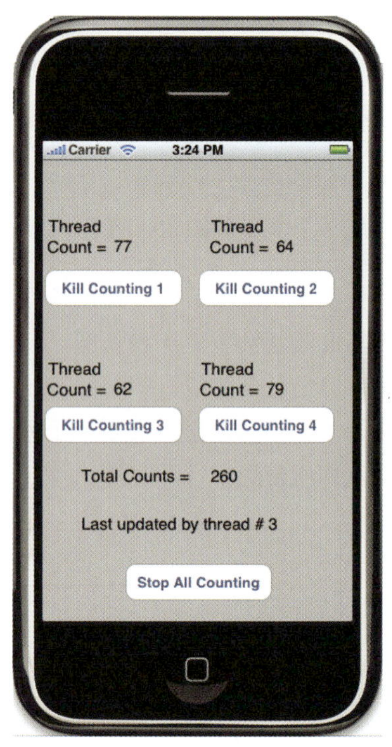

图 3-6　iPhone Simulator 中运行 Thread the Needle 应用，所有线程都要处理线程递增计数

(1) 打开 Xcode，创建一个新工程。

(2) 选择基于视图的应用（View-based Application），如图 3-7 所示。

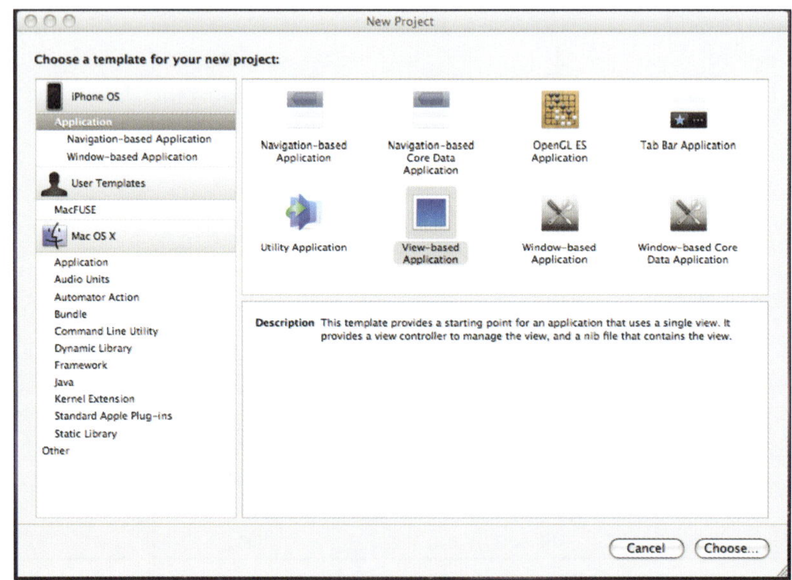

图 3-7　打开 Xcode 并创建一个新的基于视图的应用

(3) Xcode 要求为工程命名时，将其命名为 Threading（这个示例中，我们力求名字简短），如图 3-8 所示。

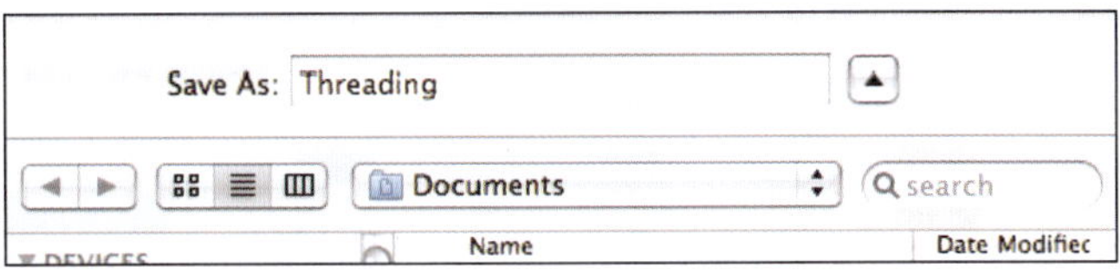

图 3-8　将工程保存为 Threading

(4) 这会创建一个工程，包含两个 Interface Builder XIB 文件，分别名为 MainWindow.xib 和 RootViewController.xib，另外还有一个 Threading-Info.plist 文件，其中存储着应用启动所需的元数据。

(5) 一旦创建工程，需要打开 Interface Builder 设置 iPhone 应用的布局。双击 Threading-ViewController.xib 文件，在 Interface Builder 中将其打开（见图 3-9）。Interface Builder 打开 XIB 文件后，双击 View 图标打开视图的布局。

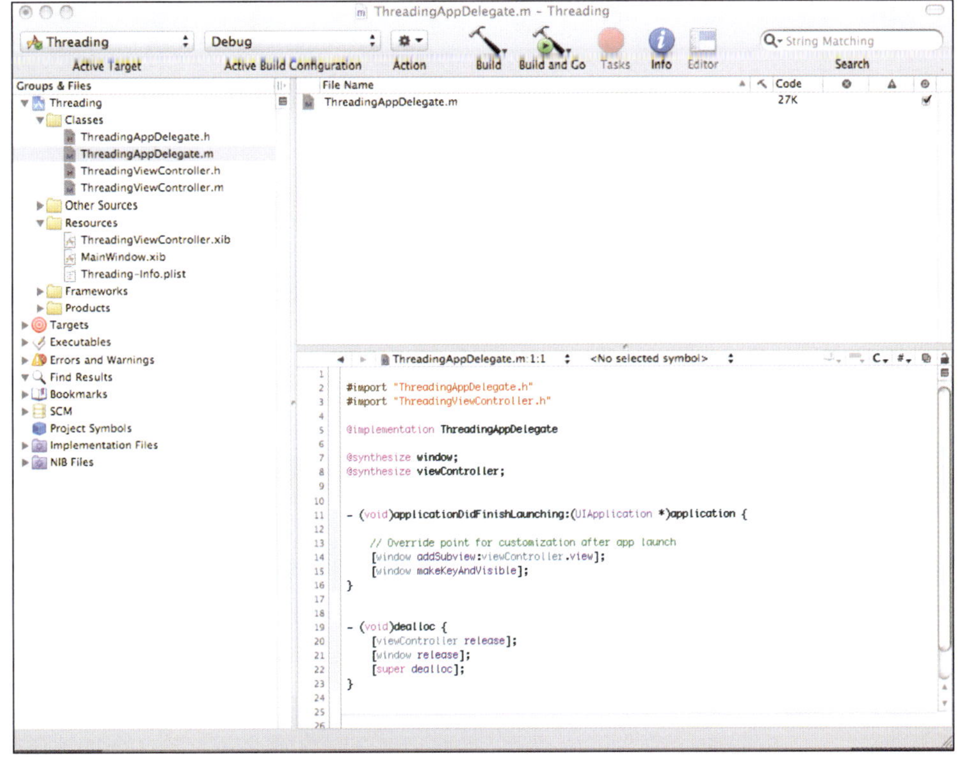

图 3-9　创建基于视图的 Threading 应用之后的 Xcode

(6) 现在，从菜单选择 Tools → Library。在 Library 窗口中，选择 Inputs & Values。下面可以设置视图的布局了。

(7) 将一个标签和一个圆角按钮对象拖放到视图中，使视图如图 3-10 所示。可以双击这些对象来改变标题。

接下来，需要增加实例变量和方法，分别用来保存值以及从刚创建的视图执行动作。下面回到 Xcode，打开描述 ThreadingViewController 类的接口文件。打开 ThreadingViewController.h，如代码清单 3-1 所示修改代码。

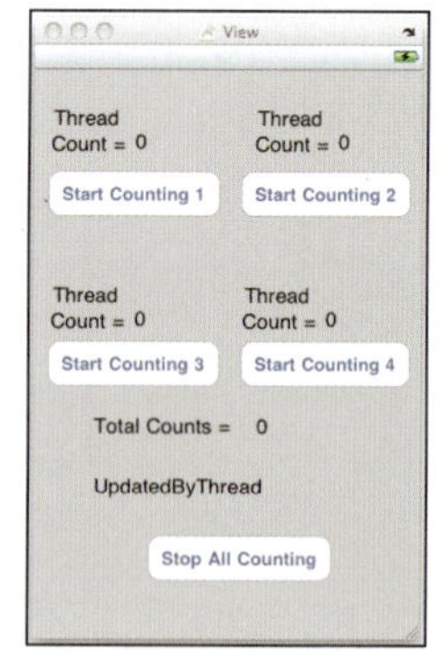

图 3-10　如图建立视图布局

代码清单 3-1　描述 ThreadingViewController 的实例变量和方法

```
#import <UIKit/UIKit.h>
@interface ThreadingViewController : UIViewController {
    bool button1On;// 跟踪是否点击 Start Counting 按钮
    bool button2On;
    bool button3On;
    bool button4On;

    int total;  // 跟踪总计数
    int countThread1; //跟踪每个线程的计数
    int countThread2;
    int countThread3;
    int countThread4;

    NSLock *myLock; //创建临界区使用的互斥锁

    IBOutlet UILabel *thread1Label; //线程值标签
    IBOutlet UILabel *thread2Label;
    IBOutlet UILabel *thread3Label;
    IBOutlet UILabel *thread4Label;

    IBOutlet UILabel *totalCount; //总线程计数标签
    IBOutlet UILabel *updatedByThread; //由线程标签更新

    IBOutlet UIButton *button1Title; // 点击时，要更新的按钮标题
    IBOutlet UIButton *button2Title;
    IBOutlet UIButton *button3Title;
    IBOutlet UIButton *button4Title;
}
```

```
@property (retain,nonatomic)  UIButton *button1Title; // 获取方法和设置方法
@property (retain,nonatomic)  UIButton *button2Title;
@property (retain,nonatomic)  UIButton *button3Title;
@property (retain,nonatomic)  UIButton *button4Title;

@property (retain,nonatomic) UILabel *totalCount; // 获取方法和设置方法
@property (retain,nonatomic) UILabel *thread1Label;
@property (retain,nonatomic) UILabel *thread2Label;
@property (retain,nonatomic) UILabel *thread3Label;
@property (retain,nonatomic) UILabel *thread4Label;
@property (retain,nonatomic) UILabel *updatedByThread;

-(IBAction)launchThread1:(id)sender; // 点击时，各按钮要触发的方法
-(IBAction)launchThread2:(id)sender;
-(IBAction)launchThread3:(id)sender;
-(IBAction)launchThread4:(id)sender;
-(IBAction)KillAllThreads:(id)sender;
```

保存文件后，接下来可以在 Interface Builder 中连接 outlet 和动作。双击 ThreadingView-Controller.xib，然后右键点击 File's Owner 图标。如图 3-11 所示连接 outlet。从 Outlets 部分拖到相应的 Start Counting 按钮。

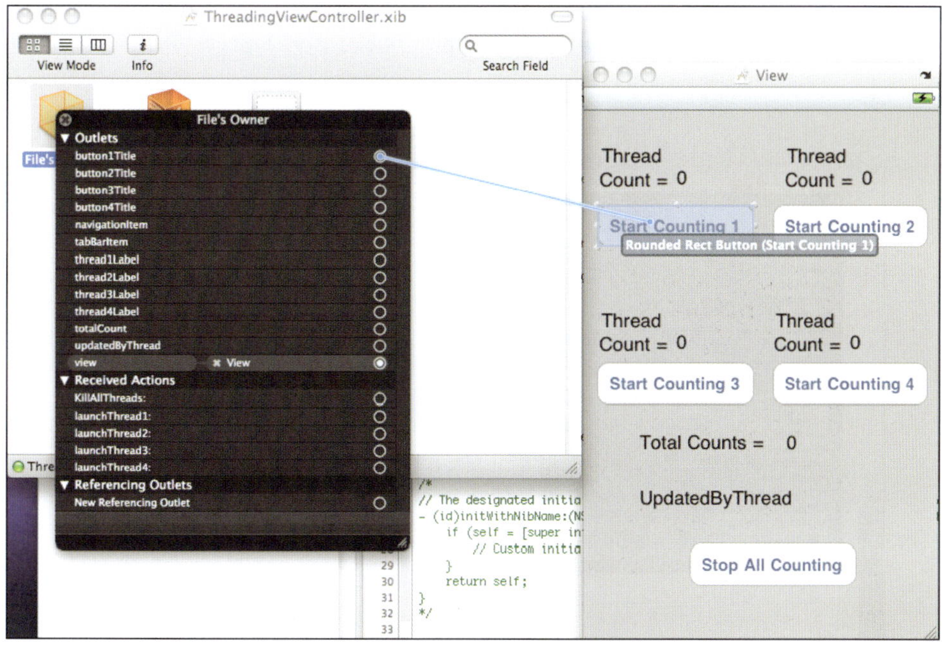

图 3-11　将所有按钮标题连接到相应的 Start Counting 按钮

下面将线程标签连接到 outlet，如图 3-12 所示。从 Outlets 部分拖到相应的 Thread Count 标签。

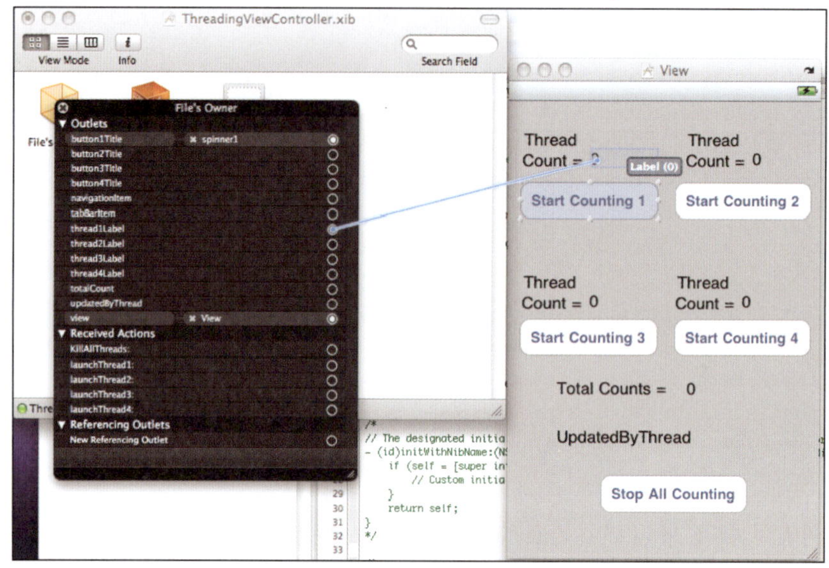

图 3-12　所有线程标签连接到相应的 Thread Count 值

现在，需要更新所有线程的总递增计数，将 totalCount outlet 拖到 Total Counts 标签，如图 3-13 所示。这个标签显示了所有线程递增计数的总和。每个线程都会更新这个值（增量为 10）。

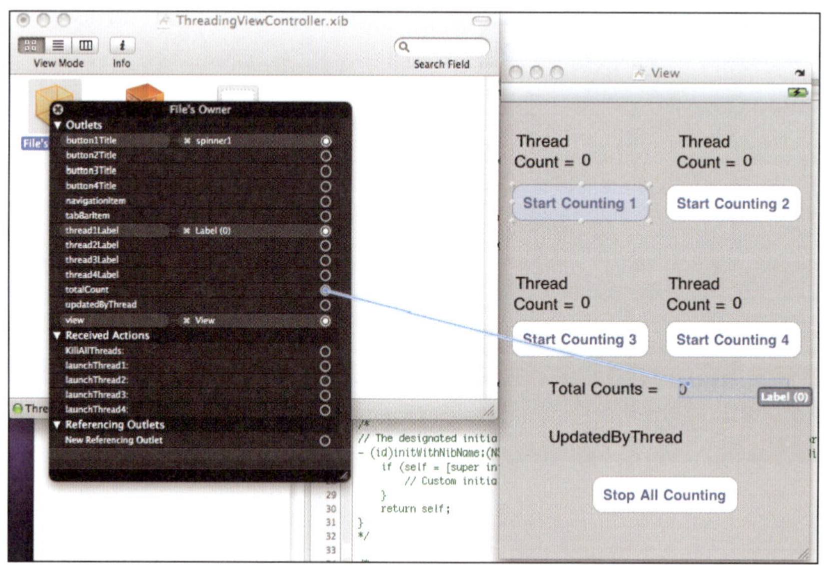

图 3-13　totalCount 线程连接到关联标签

接下来，更新 `updatedByThread` outlet，把它连接到与之关联的标签，如图 3-14 所示。这个标签列出了最后更新 Total Counts 值的线程。

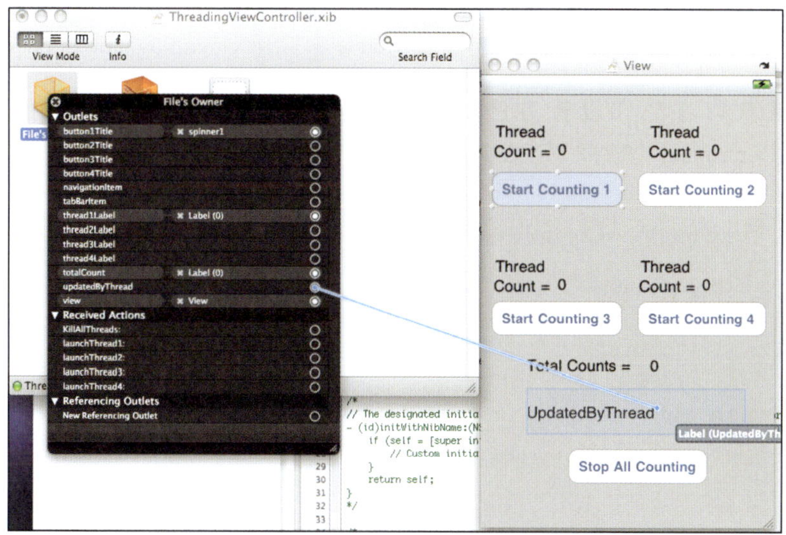

图 3-14 `updatedByThread` 线程连接到关联标签

最后，将所有按钮与其关联事件连接，如图 3-15 所示。按下 Ctrl 键，同时点击按钮，将其拖到 File's Owner 图标。然后，选择每个按钮的关联事件来启用按钮，从而在每次点击按钮时触发一个事件。事件监听者再调用该事件的关联方法。对其余的按钮和标签重复这些工作，分别为它们连接动作和 outlet。

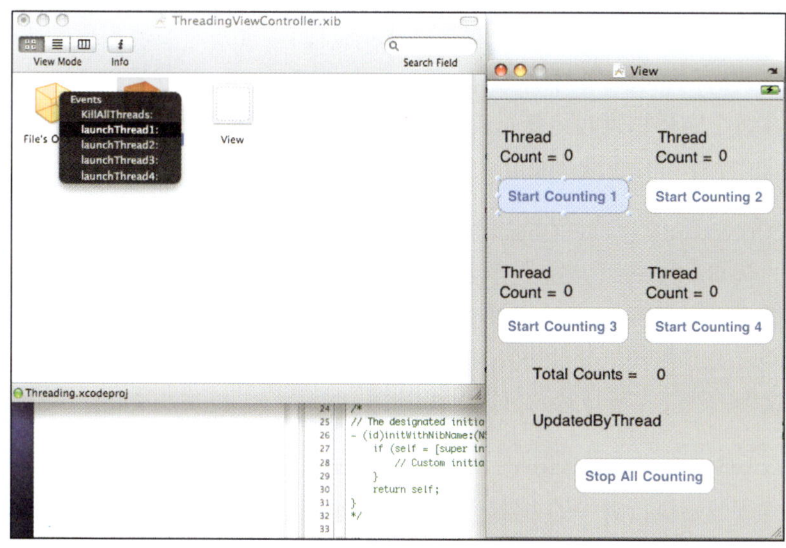

图 3-15 事件连接到关联按钮

3.2.2　创建线程

接口部分的介绍已经告一段落。在 Interface Builder 中保存所做的修改，下面重点讨论 ThreadingViewController 的实现部分。在 Xcode 中打开 ThreadingViewController.m 文件。

需要完成获取方法和设置方法的实现。为此，将代码清单 3-2 中的代码增加到 ThreadingViewController.m 文件的实现部分。

代码清单 3-2　ThreadingViewController.m 中完成获取方法和设置方法

```
@synthesize totalCount;
@synthesize thread1Label;
@synthesize thread2Label;
@synthesize thread3Label;
@synthesize thread4Label;
@synthesize button1Title;
@synthesize button2Title;
@synthesize button3Title;
@synthesize button4Title;
@synthesize updatedByThread;
```

需要分析用户希望通过点击按钮启动一个线程时具体如何实现线程。点击一个 Start Counting 按钮会触发这样一个事件，它将由相应的 launchThreadX 方法来处理。

1. 创建工作线程

现在，要讨论如何实现一个工作线程（worker 线程），以及这个线程将做些什么，这很重要。创建这个线程时，它会将一个计数器递增 10 次，更新 iPhone 上的相应显示，每次递增后进入休眠，并在每个循环结束时更新总线程计数器。这个循环一直重复，直至用户指示杀掉这个独立线程，或者杀掉所有线程（通过点击 Stop All Counting），见图 3-16。

在 OS 10.5 (Leopard) 上，NSObject 还有一个额外的方法，名为 performSelectorInBackground: withObject:。这个方法非常适合开发人员利用选择器和所提供的参数创建一个新线程。查看多线程 API 时你会注意到，这个方法与 NSThread 类方法 + detachNewThreadSelector 几乎相同，只是作为 NSObject 方法它还有另外一个好处，即无需指定一个目标。实际上，这个方法要在所针对的目标上调用。

调用 performSelectorInBackground: withObject: 方法时，实际上会创建这样一个新线程，它会立即开始执行类中的方法。这个便利方法将把应用置于多线程模式。下面来实现用户点击 Start Counting 按钮时的代码，见代码清单 3-3。接下来，继续实现其余 Start Counting 按钮的相应代码。

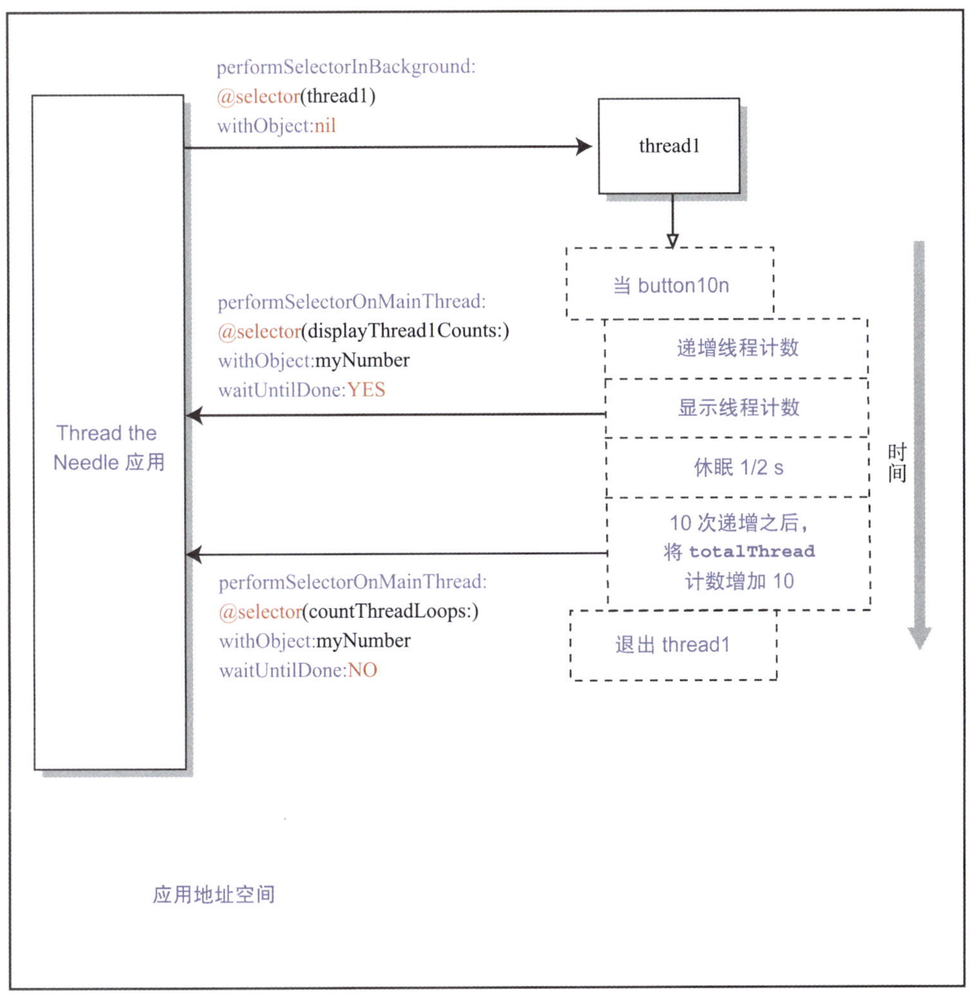

图 3-16　Thread the Needle 应用创建一个线程并更新视图显示的示意图

代码清单 3-3　launchThread1:(id)sender 方法

```
-(IBAction)launchThread1:(id)sender
{
    if (!button1On)
    {
        button1On = TRUE;
        [button1Title setTitle:@"Kill Counting 1" forState:UIControlStateNormal];
        [self performSelectorInBackground:@selector(thread1) withObject:nil];
    }
    else
```

```
    {
        button1On = FALSE;
        [button1Title setTitle:@"Start Counting 1" forState:UIControlStateNormal];

    }
}
```

代码清单3-3中，首先查看按钮所处的状态，然后改变其状态。接下来，改变按钮的标题来反映它的状态。如果按钮是第一次点击，则启动线程（见代码清单3-4）。类似地，实现其余3个按钮的线程逻辑。

代码清单3-4　启动thread1

```
-(void)thread1
{
    NSAutoreleasePool *apool = [[NSAutoreleasePool alloc] init];
    NSNumber *myNumber = [NSNumber numberWithInteger:1];

    while(button1On)
    {
        for (int x=0; x<10; x++)
        {
            [self performSelectorOnMainThread:@selector
                                            (displayThread1Counts:)
                                            withObject:myNumber
                                            waitUntilDone:YES];
            [NSThread sleepForTimeInterval:0.5];
        }
        [self performSelectorOnMainThread:@selector(countThreadLoops:)
                                        withObject:myNumber
                                        waitUntilDone:NO];
    }
    [apool release];
}
```

代码清单3-4中首先要注意到，我们要负责管理内存池。这是正确的！启动一个线程时，实际上会脱离Cocoa框架。此时，要由我们来负责清理内存池。如果没有这样做，就会出现内存泄漏。

接下来，开始一个简单的循环。此例中，我们希望保证工作线程一直忙于某个工作，这个简单循环可以很容易地达到这个目的，而无需创建一个运行循环（稍后将讨论运行循环）。

接下来会递增线程，然后可以看到一个新的方法调用 performSelectorOnMainThread。

Apple 警告不要从一个工作线程 [self displayThread1Counts:] 调用主线程，它给出的解释是可能发生无法预计的结果。Apple 是对的；我做过这种尝试。所以，要调用 displayThread1Counts: 方法，需要将 waitUntilDone 设置为 YES 启动一个线程，这就告诉当前工作线程等待 Thread1Counts 完成后才能继续，我通过这样做来展示 waitUntilDone。这里，我希望减慢线程，所以让线程休眠半秒时间。循环完成了，现在要更新 iPhone 上的 Total Count 字段。此时，启动另一个线程来调用 countThreadLoops: 方法。

这一次，我们不再等待这个方法完成。这里会创建线程，并让它异步处理。异步事件是指独立于调用线程或主程序流的事件。**异步**（asynchronous）就是指调用线程不会等待响应。

2. 创建事件处理循环

在 iPhone 应用中点击一个 Start Counting 按钮时，可以用 performSelectorInBackground: withObject 创建一个线程。既然工作线程在工作，现在需要更新各个线程相应的 Thread Count 字段。为此，我们建立了一个方法，名为 -(void)displayThread1Counts:(NSNumber*)threadNumber（见代码清单 3-5）。

代码清单 3-5 更新线程计数

```
-(void)displayThread1Counts:(NSNumber*)threadNumber
{
    countThread1 += 1;
    [thread1Label setText:[NSString stringWithFormat:@"%i", countThread1]];

}
```

前面已经提到，我们希望保持工作线程的繁忙状态。为此我实现了一个简单循环，利用一个卫哨变量 button1On 告诉线程何时退出。对于这个示例来说这完全可行，不过，有些情况下与线程的通信中可能需要更细的粒度。为实现这一点，作为与所有线程相关的基础设施的一部分，Apple 提供了运行循环。**运行循环**（run loop）会处理你用来调度工作的事件并协调到来事件的接收。其作用是在有工作时保持线程繁忙状态，而在没有任何工作时置线程为休眠模式。要了解有关运行循环的更多信息，参见 Apple 的“Threading Programming Guide”。

3.2.3 实现临界区

接下来，需要在代码清单 3-6 中实现临界区来保护我们的共享变量。

代码清单 3-6 利用 NSLock 实现临界区

```
-(void)countThreadLoops:(NSNumber*)threadNumber
{
    [myLock lock]; // 保护临界区的互斥锁
    total += 10;
    [self.totalCount setText:[NSString stringWithFormat:@"%i", total]];
    [self.updatedByThread setText:[NSString stringWithFormat:@"Last updated
                by thread # %i",[threadNumber integerValue]]];
    [myLock unlock]; // 确保完成 unLock，否则会创建一个死锁条件
}
```

首先，用 NSLock 的一个实例锁定临界区。如图 3-4 所示，如果一个线程已经在临界区中，这个互斥锁会防止其他线程访问这段代码，从而避免出乎意料的结果。我们随后更新线程计数总数，将其增加 10，并用这个计数值以及发送消息的线程更新视图。

最后（不过并非不重要），需要解除对临界区的锁定；否则，所有线程都将阻塞而不能进入这个代码段，这样一来我们就会把应用锁定（应该记得，这种条件称为死锁）。

3.2.4 一次停止多个线程

需要实现的最后一个功能是一次停止多个线程。为此，我实现了一个简单的方法，名为 -(IBAction)KillAllThreads:(id)sender;，这个方法只是将所有 buttonxOn 设置为 FALSE（见代码清单 3-7）。处于 while 循环中的所有线程都将退出其循环，这些线程会在循环完成 10 次之后妥善地终止。你会注意到，从点击按钮直到线程真正结束计数之间还存在一些延迟，这个延迟就是由于循环 10 次导致的（见代码清单 3-4）。

代码清单 3-7 利用一个简单信号妥善地停止所有线程

```
-(IBAction)KillAllThreads:(id)sender
{
    button1On = FALSE;
    button2On = FALSE;
    button3On = FALSE;
    button4On = FALSE;

    [button1Title setTitle:@"Start Counting 1" forState:UIControlStateNormal];
    [button2Title setTitle:@"Start Counting 2" forState:UIControlStateNormal];
    [button3Title setTitle:@"Start Counting 3" forState:UIControlStateNormal];
    [button4Title setTitle:@"Start Counting 4" forState:UIControlStateNormal];
}
```

对于我们的应用来说，这个简单信号已经足够了。如果需要更细的粒度，可以如前所述为线程实现一个运行循环。

3.3 小结

通过 Thread the Needle 应用，我们实现了一个非常简单但很有用的例子，它可以在 iPhone 应用中使用多线程并控制这些线程。你现在应该了解到，线程可以让用户对应用有更多的控制，使应用在后台完成工作的同时对用户更具响应性。多线程可以让你的应用显得更专业；利用线程可以改善应用的响应性，并独立于用户在后台执行任务。

让应用支持多线程也会带来一些危险，特别是竞态条件和死锁。不过，如本章所介绍的，如果利用临界区保护共享数据，就可以克服这些危险。

在一个技艺高深的开发人员手里，这个小小的设备能够发挥出惊人的作用。愿你能享受其中的乐趣，也祝你好运！

Matthew “Canis” Rosenfeld

所在公司： Wooji Juice

位置： 英国，伦敦

开发经历： 从事编程已逾 25 年，其中 3 年专心研究交互式设计。在 Mucky Foot 做过多年的视频游戏开发，曾参与 Urban Chaos（面向 PC 和 PSX）、BAFTA-nominated StarTopia（面向 PC）以及 Blade II（面向 Xbox 和 PS2）的开发。后来作为高级程序员在欧洲索尼电脑娱乐公司任职多年。之后创立 Wooji Juice，主要关注 Mac 和 iPhone 游戏和商业应用，已发布 Voluminous（面向 Mac OS X）以及多个 iPhone 应用。

最喜欢的编程语言是 Python 和 Objective-C。由于有丰富的 C++ 经验，我对它存在的诸多问题了如指掌，也因此有足够的理由不把它列为我最喜欢的语言，不过有时 C++ 确实很有用。我的游戏开发生涯中很大一部分都是与网络、脚本和虚拟机、音频引擎、编辑工具、生物行为以及创建用户界面打交道。

iPhone 开发经历： 设计并编写了 Stage Hand 商业应用和 Hexterity 益智游戏，并担任 KarmaStar 策略游戏的首席工程师（Arkane 的承包项目，由 Majesco 发布）。

本章内容： 本章将讨论 iPhone 的多指触控功能以及如何支持这些功能，这里将设计触摸和多指触控输入机制，处理触摸事件，识别特定的手势（例如，轻扫、挤压 / 松开挤压）并与其他类似手势区分，还将使用惯性（inertia）为用户界面提供“重量”。

关键技术：

- 多指触控
- 手势检测
- 人机界面问题

第4章

手指总动员：多指触控界面设计与实现

本章，我们将研究 iPhone 的触控输入，这也许应该算是 iPhone 的决定性特性。尽管多年来很多设备都已经使用了触摸屏，但却是 iPhone 第一个引入了多指触控。而且 iPhone 还采用了一种与众不同的方式提供输入。虽然很多人已经从桌面式界面转向触摸屏设备，用笔（stylus）取代了鼠标，但是 iPhone 创建了一组新的约定，它以指针准确性为代价来换取响应性、简单性以及对界面的直接管理。

iPhone 的触摸屏使用起来相当容易，毫无阻碍，因为苹果公司花了大量时间来处理其中的微小细节。你完全可以免费使用内置控制，但是如果需要实现自己的控制，那么就要加倍注意这些细节，否则开发出的应用有可能极其笨拙且很难使用，而一旦注意了有关细节，就可能得到一个轻松自然的 iPhone 式应用。

本章，我们将通过 Stage Hand 来了解这些细节，这是面向 Keynote（苹果公司华美的演示包）的一个远程控件，也是最早出现在 App Store 中的应用之一。Stage Hand 需要完成大量细节工作来处理触控输入。我们将分析这样做的原因、问题是如何解决的以及可应用于别处的一般原则。最后，我们还将集成一个简单的应用，展示多种触摸手势及其基础编程技术。

4.1 了解 iPhone 的功能

2007 年，在一个寒冷的冬夜我依然工作到很晚，当时我正通过屏幕上的一个窗口跟踪一个 Stevenote 实时博客，你应该知道这个“Stevenote”，就是它预言了 Jesusphone 的到来。

这些事件一般不会让我特别兴奋，我只是有些好奇，想了解那些新工具，不过我想我并没有其他人那么高的热情。不过，这一次不同。关于 Apple 新型电话的传言已经流传多日，实际上这种传言多年前就已经有了，但成效甚微。看起来，即使这些传言属实，iPhone 也只是 iPod 的一个增量升级版。

但事实并非如此，这一次 iPhone 确实有所不同。关键就在于 iPhone 要“运行 OS X”。这个设备实际上就是一个手持 Mac，而且可以利用我们熟悉的一些框架，如 Cocoa 和 Core Animation。我们都了解这些框架：之前我们已经大量使用并掌握了这些框架，而且它们随时可供使用，正“整装待发”，想要在这个单薄的新设备中一展身手。

我很快明确了 3 个问题：

- 我要拥有这个设备；
- 我希望为这个设备编写代码；
- 看起来这个设备确实会改变一切（对我来说，有这种想法仅此一次）。

那天晚上更晚些时候，我和一个同事冒雨沿着伦敦梭霍区的街道到处寻找一个有空座位的合适场所来交流想法。我们对应用有一些很疯狂的设想，并推测着 iPhone 到底会带来什么。

如苹果公司一贯的风格，对于新的产品，他们总是“犹抱琵琶半遮面”，留给我们太多疑问。当时，我们甚至还不清楚它是否支持第三方应用，以及这个平台是否会一直保持封闭。在 iPhone SDK 发布之前，我们一年多都未能得到所有答案。

有一件事很让我们担心，SDK 发布之前 MacBook Air 已经发布，它支持自己的多种多指触控手势，而且为程序员提供了一个 API。这个 API 很受限：操作系统要负责确定挤压（pinch）、轻扫（swipe）和旋转（rotate）手势，并将这些手势转换为鼠标滚动和放大缩小事件。应用不能创建自己的手势，也不能独立地处理多指触控。iPhone 会不会也是如此？

幸运的是，iPhone 确实为程序员提供了一个相当全面的多指触控系统。它可以同时跟踪多达 5 个触控（非常方便，恰好可以充分利用整只手），而且会在后台完成大量处理从而向你提供相当简洁的数据以供使用。硬件就像是抽取“接触区”：想象一下鼻子压在窗户上时出现的椭圆形状，这种效果就与手指轻击屏幕时很类似。然后，它在这个椭圆中标识一个点来表示触摸点。硬件要负责对一个大手指与两个小手指合在一起的情况加以区分。它还要独立地跟踪每一个触摸，使你能够了解手指接触屏幕期间做了什么，而不只是由操作系统为你提供一大堆的坐标。

不过，Cocoa Touch 并没有提供事件的任何解释；SDK 的早期版本会对特定动作（如轻扫）做检测，不过后来很快就取消了这些检测。你需要自行确定触摸的含义，或者依赖于现有的控件（如 `UIScrollView`），这些控件可以处理触摸但是通常功能很有限。

除了技术方面的事项，还需要考虑其他许多设计问题。必须牢记，“接触区”表示一个很大的区域；将手指放在 iPhone 上，你会看到一个手指可能占到屏幕宽度的四分之一，甚至更多。

苹果公司建议控件的活动区域至少是 44 像素的方格，不过要记住重要的一点，这与屏幕上的图形的大小不必一致。实际上，如果观察内置控件的行为，你会发现轻击区域往往比控件的视觉尺寸大得多。这种不一致性一方面被手指的平均大小所掩盖，另一方面也是对手指平均大小的响应，不过如果在 iPhone Simulator 上使用鼠标点击，你就会看到这种不一致性的实际效果。例如，很多 iPhone 屏幕左上角的后退箭头按钮实际上会超出状态条范围，延伸到屏幕的左上角（见图 4-1）。

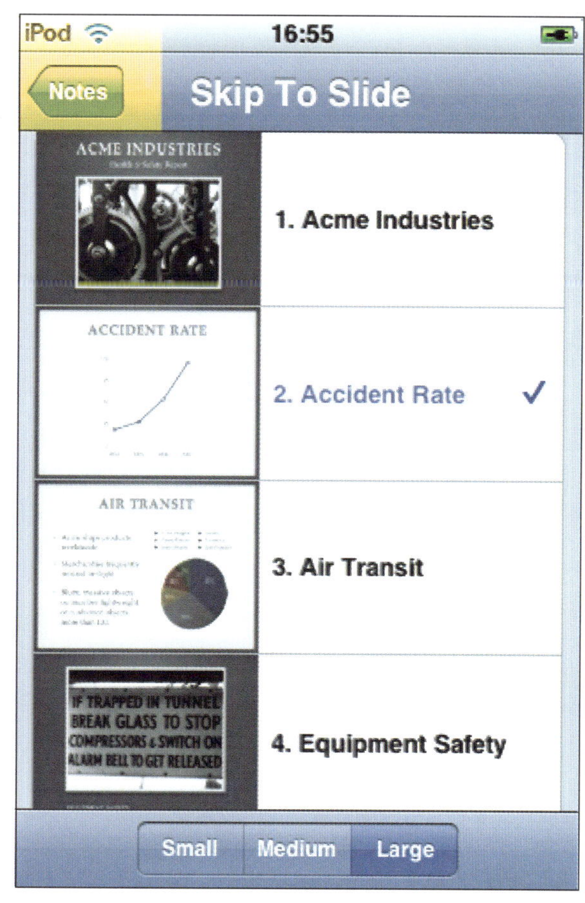

图 4-1 后退按钮的可轻击区域已高亮显示，不仅超出按钮本身的边界，还超出了包含该按钮的导航条并越过了状态条

一般地，苹果公司的做法看起来很慷慨，允许你在很大的区域内轻击来完成动作，另外通过自动过滤某些类型的触摸（如用整只手压屏幕）来排除意外的轻击动作。另一种常见模式是使用一个命中测试区检测手指按下事件，然后扩展该区域进一步检查手指抬起事件。可以打开 iPhone 的 Clock 应用，切换到 Timer 标签页。按下并保持 Start 按钮，作为响应它会变暗。现在，将手指滑出按钮，可以向上或向下，看看在按钮重置之前你可以移动多远。实际上，手指滑出的距离可以达到按钮大小的两倍之多！

4.2 多指触控设计

可能很奇怪，最早指引 Wooji Juice 走上改善 Apple Keynote 应用之路的居然是 Apple TV。当时手忙脚乱的技术人员急匆匆地跑来跑去，想要把一个演示者的设备连接到会议室的显示屏，但一直未果。那时我就在考虑也许可以采用一个更聪明的解决方案保持 Apple TV 接通，而只需通过 WIFI 流式传输演示内容。

当然，Apple TV 是一个封闭的系统，我们无法得到这种项目的资源。不过再后来，当我辞去日常工作专心投入 iPhone 开发，并想着手开发一个项目时，我的脑海里又浮现出这个想法。当然，那时的想法还不实际，不过经过反复考虑 Keynote，我记起来我原先的电话有一个蓝牙远程控制特性。从表面上看，可以用它来控制演示，不过没有按钮能够与这些控制效果对应，你能做到的只是前进或后退一步而已。不过有一点很不错，这就是不必再依赖键盘来控制演示。我希望 iPhone 也有这样的功能。

iPhone 独有的特性意味着我们可以完成更多控制，而不只是在演示时前进或后退一步。我非常欣赏 Keynote 的 Presenter Display，而 iPhone 漂亮、清晰的屏幕意味着可以在这个屏幕上放上这样一些信息。我见过一些演示者手里抓着成叠的索引卡片，演示时他们会倒换这些卡片来提示演示内容。我认为完全可以在电话上做到这一点，以杜绝演示者因为紧张将卡片散落一地再手忙脚乱地四处摸索的窘况。

需要注意很多重要的方面，其中之一就是避免在屏幕上散布大量按钮。具体来说，我们希望无需看屏幕也可以轻松使用其基本特性。按钮不仅会减少屏幕上的备注显示空间，而且（如果缺少触觉反馈）很可能会让演示者意外地触发本不该触发的特性。在我们的设计中，一个基本原则是“最小困惑原则”。如果必须做出选择，我们宁可多费一些功夫来使用一个函数，而不希望在演示期间出现问题遭遇尴尬。这个原则对于我们的用户界面和触摸事件处理都有一定的影响。

开发 Stage Hand 时，我们把大量时间都用来处理所有 iPhone 开发新人都会遭遇的一些问题和 `UIViewController`，以及在真正的硬件上运行构建版本等诸如此类的问题。起初，我认为 Interface Builder 还不能支持 iPhone 开发。其余时间我们都在与 Keynote“纠缠”，它的脚本 API 看起来存在很多严重的 bug，而且缺少一些本来很有用的特性。

只剩下几天时，我们将 Stage Hand 移植到 Apple，并获准在 App Store 上发布，为 7 月 11 日的隆重启动做准备。也许是时区的原因，App Store 的开放比我们预期的要早（我们原以为它会按 Cupertino 时间开放），于是 10 日深夜我们焦急地切换到我们的网站，像所有应用开发人员一样，紧张地数着茶杯里的茶叶，想以此预测有没有人购买我们的应用（那时还没有提供销售报告）。

很快，我们开始收到要求补充特性的请求，其中最普遍的一个请求为设计带来不少麻烦。要知道，原先Stage Hand本来只是用于备注视图（Notes View）模式，也就是垂直方向，其中演示者的备注显示在一个称为平板（slate）的面板上（见图4-2），可以用手指从一边迅速滑到另一边，这与iPhone的内置Weather应用很类似。为了支持荧光笔（Highlighter）特性，可以轻点iPhone的边沿查看当前幻灯片的截屏，从而得到一个目标；荧光笔模式如图4-3所示。

图4-2 整个灰色平板可以从一边拖到另一边，或者内容可以上下快速滑动

对于很多人来说，特别是那些不使用备注的人，这是查看演示文稿最自然的方式。对他们而言，这并不是荧光笔模式，而是幻灯片视图模式，那么为什么不能改变幻灯片呢？

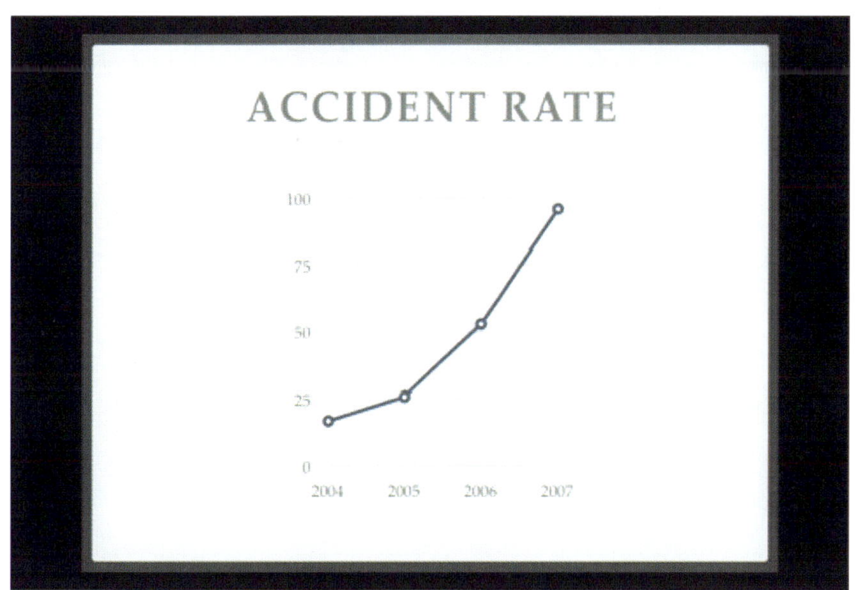

图4-3 原来称为荧光笔模式，现在则称为幻灯片视图模式，原因很显然（至少事后看来这个名字更贴切）

首先，我们当然希望能够支持幻灯片改变。但是如何做到呢？从一边轻扫到另一边看起来并不合适，因为把手指放在幻灯片上会触发荧光笔，毕竟这是这个视图（荧光笔视图）的本来用途。按钮也不行，因为它们会减少本来就很有限的幻灯片显示空间，不仅降低其可读性，而

且降低荧光笔的准确度。

我们采用的解决方案是多指触控。通过使用手势完成控制，可以增加更多功能，而不必占用屏幕空间。其缺点是，在界面中填塞手势时会使界面变得复杂，并且增加区分不同的手势的困难，有可能导致违反最小困惑原则的意外命令。

幸运的是，我们的需求恰好与手势控制完美对应。例如，要调整荧光笔的大小，可以自然而然地采用一种挤压 / 松开挤压手势。实际上，我们特意安排荧光笔介于用户手指之间，不论手指放在哪里，这样都能提供直接而直观的控制。另外，我们还为美剧《宿舍男孩》迷们额外提供“我要打烂你的头！”[①]闪回动画作为奖励。

需要处理的手势 / 事件如下：

- 在幻灯片间左右轻扫；
- 激活和移动荧光笔；
- 调整荧光笔的大小；
- 撤销荧光笔。

我们还希望避免模式切换，因为演示者在紧张的情形之下很容易一次做太多切换，以至于因为应用所处的模式不正确而茫然不知所措。

实际上，我们尝试过很多方案（其中一些选择现在仍然可用，喜欢这些方案的人可以从 Settings 访问），不过我们发现的最佳解决方案如下：

- 单指轻扫来控制幻灯片；
- 两指轻击来显示荧光笔；
- 两指挤压 / 松开挤压来调整荧光笔的大小；
- 单指轻击来隐藏荧光笔。

这个界面实现起来其实相当简单，不过通过尝试多种不同组合，我们开发了一些技术用来解释手势。

4.3 研究多指触控 API

为了实现你自己的多指触控手势，需要：

① “我要打烂你的头！”（I'm crushing your head!）是《宿舍男孩》（*Kids in the Hall*）剧中人物的一句台词。——译者注

- 安排将触摸消息传送到自己的代码；
- 理解传递来的信息；
- 跟踪和解析信息中的手势。

4.3.1 处理事件

要实现自己的定制控制，安排传送触摸消息很容易，只需实现相关的事件处理程序。

UIResponder 中声明了 4 个有相同签名的方法：

```
- (void)touchesBegan:(NSSet *)touches withEvent:(UIEvent *)event;
- (void)touchesMoved:(NSSet *)touches withEvent:(UIEvent *)event;
- (void)touchesEnded:(NSSet *)touches withEvent:(UIEvent *)event;
- (void)touchesCancelled:(NSSet *)touches withEvent:(UIEvent *)event;
```

还需要确保已经设置了视图的 userInteractionEnabled，另外如果必要还应当设置 multipleTouchEnabled。UIView 及大多数子类都会默认启用 userInteractionEnabled，但是 multipleTouchEnabled 往往是禁用的。

这 4 个消息再加上 UIEvent 类和 UITouch 类就是多指触控处理的核心。这些消息的含义相当明确，不需要多做解释，不过对于 touchesEnded 和 touchesCancelled 之间的区别需要做一个简单的说明：用户抬起手指时触摸结束（touchesEnded），但要由操作系统本身撤销（touchesCancelled），通常作为接到短信或电话等异步事件的响应。

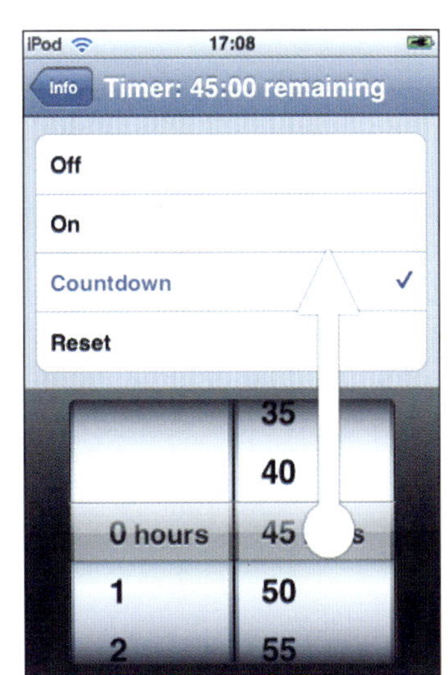

图 4-4 一旦手指放在滚动视图上，它可以在屏幕上整个高度范围内移动来滚动视图，而不会影响上方的多选按钮

UITouch 对象表示接触屏幕的一个手指。手指触摸到屏幕时会创建这个对象，手指离开时则将其撤销。需要说明，UITouch 对象的整个生命期都与一个 UIView 关联。手指最初接触的视图就是接收其触摸事件的唯一视图。正是因为这个原因，你可以触摸老虎机式 UIPickerView 控件并在整个屏幕高度范围内上下拖动手指：控件都能够捕获到触摸事件（见图 4-4）。

UIEvent 表示一个完整的手势或序列，包含至多 5 个手指。它在第一个手指接触到屏幕时创建（此时会接收到你的第一个 touchesBegan:withEvent:），其中包含该手指的 UITouch。这个 UIEvent 对象会继续存在，随着其他手指的加入和离开还会增加和删除

UITouch，直至所有手指都从屏幕移开，此时（即收到最后的 touchesEnded:withEvent: 或 touchesCancelled:withEvent: 消息之后）才会撤销 UIEvent。

对于每个 touchesX:withEvent:，触控集合中只包含改变的触控，而 UIEvent 总是包含所有活动触控的完整集合（对于结束 / 撤销事件，则包含最近活动的触控）。还要注意，你不会收到一个专门告诉你事件已经结束的消息。综合这些事实，我们可以通过检查结束 / 撤销触控来检测一个 UIEvent 结束：如果改变的触控集大小与事件的 touchesForView 集合大小相同，就可以知道最后一个手指已经从屏幕上抬起。

有很多问题会使多指触控处理复杂化，其中之一就是改变的触控、touchesForView 的结果以及事件的 allTouches 属性都是未排序的 NSSet。如果需要跟踪单个手指的运动，可能很费劲，特别是因为 UITouch 对象不能用作 NSDictionary 键，而且按 Apple 的说法，也不应保存 UITouch 对象。UITouch 对象的地址在其生命期中一直保持不变，所以 Apple 建议使用这些地址作为 CFDictionary（而不是 NSDictionary）中的键。不过要记住，对于许多手势来说（特别是跟踪两个手指时），这种解决方案可能过于复杂，远远超出你的实际需要。

对此通常有一个好方法，即忽略触控的顺序或者特定的 UITouch 到手指的映射，而只关注触控之间的关系。例如，如果在处理一个挤压 / 松开挤压手势，你所关心的只是两个触控之间的距离，其顺序并不重要。测量旋转时，可以使用一个简单的指针比较来对触控排序，这样一来如果提供的顺序发生改变，不至于让旋转发生 180° 翻转（本章后面的示例代码将展示这一点）。可以看出，多指触控很少需要在其生命期中跟踪单个触控。

分析特定手势和检测技术之前，关于事件处理还有最后一点需要说明：如果你打算修改现有的控件，可能很难将这些事件传送到你的代码。如果派生一个现有视图的子类，你可能会发现未能接收到预期的事件，因为很多标准视图实际上是视图集。例如，创建一个 UISlider 时，Cocoa 实际上会创建多个 UIView，它们作为子视图包含在幻灯片视图中。

对于如何修改这些子视图类，并没有相关文档给出明确的方法，因此我们不能派生这些类然后覆写其 touchesX:withEvent: 方法。一方面类本身可能没有相关文档来明确描述，另一方面开发人员不允许使用无文档的代码。这是不是意味着我们已经走投无路了呢？

实际上并非如此。下面再来看未能按预期接收事件的子类，我们发现了一个很有用的方法：

```
- (UIView *)hitTest:(CGPoint)point withEvent:(UIEvent *)event;
```

如果覆写这个方法，可以安排将触控传送到我们的类，而不是子类。然后再检查事件，如果必要则加以处理，或者我们希望保留标准行为，只需将消息转发到其原来的目标。不要对这些复合视图的内部结构做任何假设，因为苹果公司未提供相关文档说明，而且很可能在将来的更新中对其做出修改。不过，通过使用超类的 `hitTest:withEvent:`，就可以确保事件传送到适当的地方，而我们自己无需了解视图的结构。

4.3.2 识别手势

如何解释手势？这是一个很有意思的问题，因为在我们所做的工作中，这是最接近心灵感应的工作之一。手势不像鼠标动作那么明确（如点击一个按钮，或者将图标 A 拖到一个小部件 B 之上）。因此，需要充分利用启发式方法和估计来得出答案，另外还要考虑用户的思维模式。

下面来看内置应用使用的一些 iPhone 手势。

- 轻击（Tap）：大量用于激活按钮。
- 两次轻击（Double-tap）：不太常见，但在 Safari 中用于放大和缩小段落。
- 手指滚动（Finger scroll）：通常用于滚动网页、表格、联系名单等。
- 轻扫（Swipe）：在 Weather 应用中用于切换页面，在 Photos 应用中用于从一张照片转向另一张照片，以及从列表中删除元素（例如，删除垃圾邮件）。
- 挤压 / 松开挤压（Pinch/unpinch）：用于放大和缩小照片、文档和网页。
- 两指滚动（Two-finger scroll）：很少用，最有名的用法是在 Safari 中用于在帧内滚动。

其中很多手势的单独检测相当简单：很容易得出屏幕上有多少个手指；两次轻击的事件已经得到跟踪（`UITouch` 事件有一个 `tapCount` 属性）；苹果公司在 SDK 文档中提供了一个例子，给出了轻扫检测的一个版本；挤压 / 松开挤压稍稍用一些勾股数学运算就可以跟踪。不过，细节问题非常重要。

Apple 的内置控件在适当的情况下已经能理解这些手势，不过有时你可能需要重新实现它们。如果确实需要重新实现，你必须特别注意一些细节问题。例如，可能会快速滑动滚动列表，使之快速滚动然后逐步慢下来直至缓缓停住（而不是戛然而止），不过如果将手指一直放在屏幕上，列表的位置要精确地跟踪手指。此外还有一些例子。例如，列表到达上边沿和下边沿时会弹开，以此强调界面的物理性；另外，可以把列表拖出其边界之外（这在 Mac 上是明确禁止的，但是对于 iPhone，看起来苹果公司认为维持手指与页面之间的链接比美感更重要，这在 Mobile Safari 中得到体现，它必须采用棋盘效果转换页面）。

如果一个视图可以接受多个手势，而且（通常在一个手势完成之前）你需要确定如何解释用户的输入，此时手势识别尤其困难。例如，挤压手势涉及屏幕上线性移动的两个手指。两指滚动手势也涉及两个手指在屏幕上线性移动，（由于人通常没有机器人那样完美的动力控制）两个手指在这个过程中可能相互稍稍靠近或远离。

如何解决这种相似性带来的识别困难问题，从而让界面更具响应性呢？

解释时要尽量“慷慨”，这一点很重要，不过这里还要考虑上下文环境。Stage Hand 在检测方面比较严格，这是因为要遵循“最小困惑原则”，还因为它要在一个相当受控的环境中使用（讲台、阅览室、教室或会议室）。如果有人会在公交车上或行走时使用你编写的应用，且即使读错一条命令代价也不高，那么解释时就应当更为慷慨。

很多触控接口依赖于物理手段：手指与控件交互时，就好像它们是有重量、动量和惯性的物理装置。手指触摸控件时，控件会尝试准确地匹配手指的位置，手指松开时，控件可能适当地旋转、弹跳或滑动直至静止。

这一点也同样适用于其他手势：在早期 Stage Hand 构建版本中我们曾经犯过一个错误，拖动平板时没有考虑到惯性。当时的基本行为是平板会留在屏幕中央，直至用户拖动它。平板严格遵循手指的运动，松开手指时，平板要么突然跳回到它原来的位置，要么在平板行程已经超过屏幕的一半时使下一个平板（此时已经拉入视图并已占据屏幕的绝大部分）切入（见图 4-5 和图 4-6）。如果你的应用不只一页，你可能已经通过主屏幕对这种行为有所了解。

问题在于，如果稍稍快速滑动平板，它不会移动太远，不足以切换幻灯片。这看起来是合理的，不过如果考虑到平板的重量和惯性则不尽然。快速滑动时，人们下意识地希望平板继续滑动下去，直到摩擦力让它慢下来直至最后停止。因此，我们要检查的不应当是手指松开时平板的位置，而应当是平板将要停止的位置。不过，我们还希望保证响应性，所以不希望等待平板动画结束后再做决定。实际上，我们会根据平板的速度估计它最终停在哪里并立即做出判断，这有很大帮助。

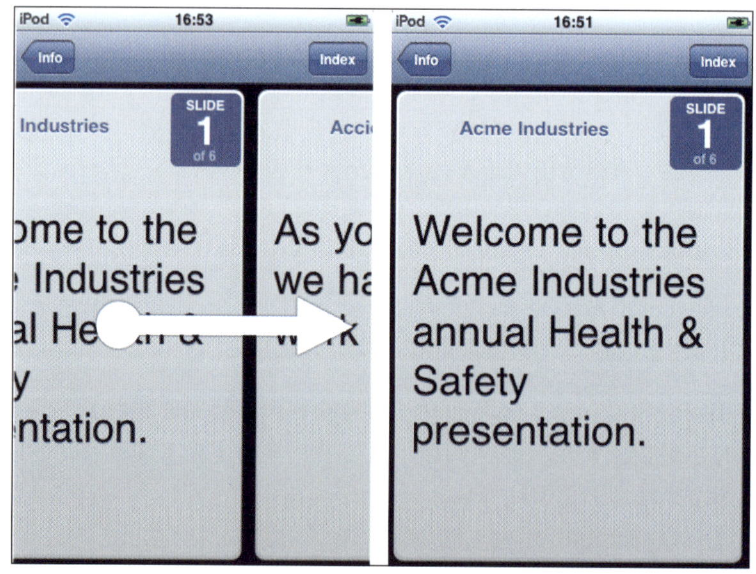

图 4-5 如果按下平板并在此时松开手指，它会滑回原位，因为还没有达到下一个幻灯片的阈值

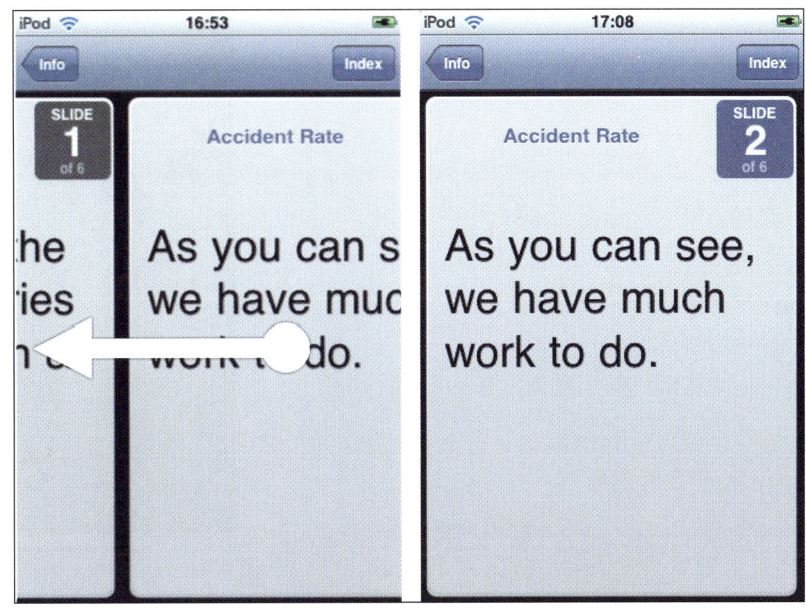

图 4-6 在这里滑入的将是第二个幻灯片的平板

这个例子可以说明考虑用户思维模式的含义，就是努力（甚至是下意识地）得出人们触摸界面时希望它做些什么。由于屏幕上的手指交互比鼠标的间接点击更直接也更接近本能，用户会有不同的期望。

有时，你需要确定用户想要做什么，然后排除其他选择（至少先要这么做，直到有足够的手指清空屏幕以便重置）。例如，除了将平板从一边轻扫到另一边来改变幻灯片，还可以上下滚动备注。并没有技术上的原因禁止手指在两个方向上移动，因此可以使滚动备注和拖动平板同时进行。不过也没有任何实际原因促使用户这样做，如果用户本来希望滚动备注，它却总是从一边滑向另一边，这会让用户趋于崩溃。

因此，我们会跟踪用户动作，很快确定其意图是滚动还是拖动并相应地锁定行为，这样一来感觉会更可靠也更有保证。这就类似于行走在一座标准的大桥上，而前者则像是印第安纳琼斯系列电影中心惊胆战地穿越那些只有木板和绳索的吊桥（每一步都摇摇晃晃）。我们肯定希望用户能够放心！

4.4 实现多指触控控件

这个示例应用将展示如何解释多种多指触控动作、区分相似的动作、处理多个同时的手势，并正确地处理不同视图中发生的手势。它提供了两个放在一个背景幕布上的弹球式图形部件

（见图 4-7）并支持以下命令：

- 用手指上下轻扫背景幕布以改变背景幕布图像；
- 使用一个手指拖动部件，就好像部件与手指直接相连；
- 用简单的物理模拟快速滑动部件；
- 通过挤压 / 松开挤压收缩或放大部件；
- 两次轻击一个部件将其重置为默认大小；
- 用两个手指旋转部件；
- 利用两指拖动将部件的运动锁定在一个轴上。

另外，其中一个部件允许同时自由伸缩和旋转，而另一个部件会锁定模式，可以伸缩也可以旋转，但是不能二者同时进行；我们使用了视图的 Tag 属性来设置这一点（见图 4-8）。如果你打算自行构建，可以参看图 4-9 来了解如何建立 Interface Builder 文档。

图 4-7　左上角的弹球可以同时旋转、移动和伸缩。而右下角的弹球锁定为一次只允许一种模式

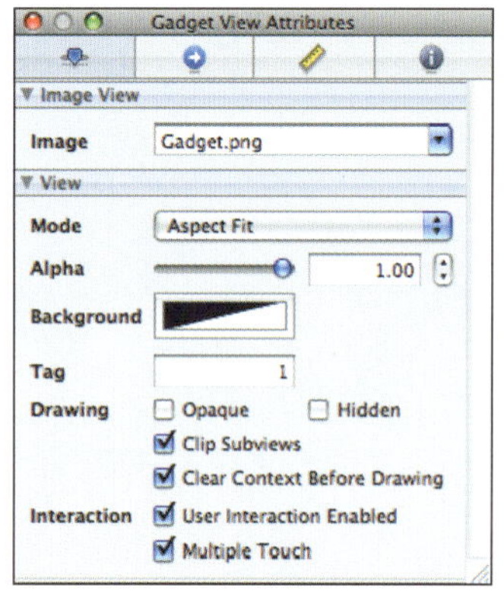

图 4-8　将右下角弹球的 Tag 设置为 1，指示将由这个对象展示模式锁定行为（另一个的 Tag 属性则保留为默认值 0）

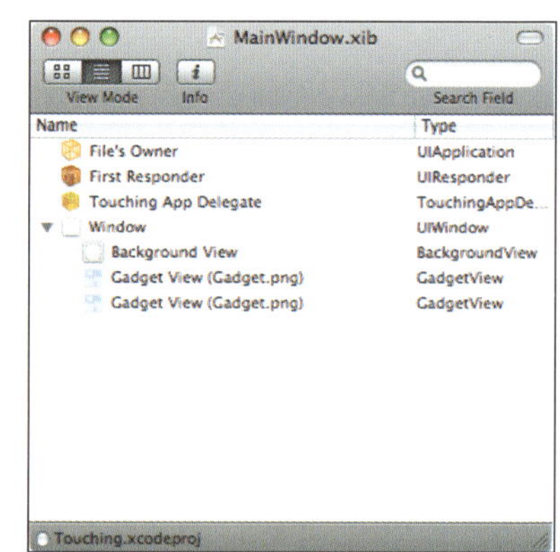

图 4-9　注意，这两个 `GadgetView` 对象都是 `BackgroundView` 的兄弟类，而非其子类。这就确保背景图像改变时它们不会受到干扰

4.4.1　处理触控

下面来看具体实现。在 Interface Builder 中，我放置了两个 `UIImageView` 实例（图 4-10）并把它们的类修改为我的定制 `GadgetView` 子类（图 4-11）。

这里没有任何定制绘制代码或类似内容，唯一的改变是支持多指触控手势。大多数工作都是处理之前描述的 4 个多指触控事件，分别对应触控开始、移动、结束和撤销。有时，我们还会完成一些动画（由一个定时器触发）并在必要时开始和停止。

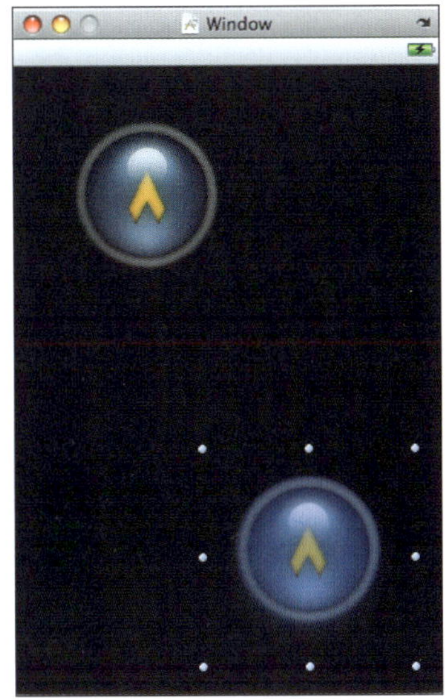

图 4-10 创建两个弹球时，只需从 Interface Builder Media 库将图像拖到文档窗口中

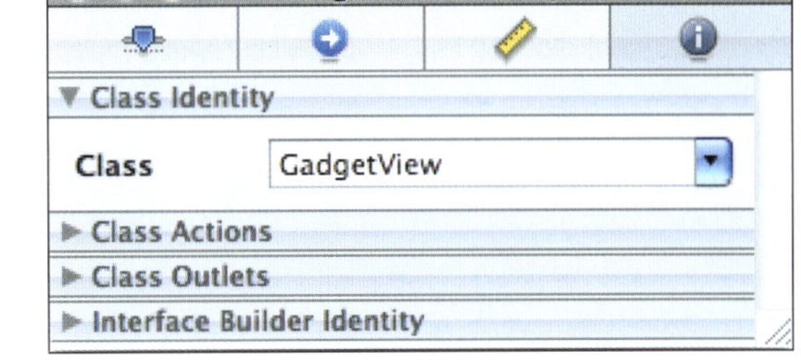

图 4-11 使用 Identity Inspector 将弹球的类从 UIImageView 改为 GadgetView

将手指放在某个部件上时，会调用 touchesBegan:withEvent:：

```
- (void)touchesBegan:(NSSet *)touches withEvent:(UIEvent *)event
{
    NSSet* allTouches = [event touchesForView:self];
```

首先，要获取与这个视图匹配的所有触控。touches 参数只包含刚接触屏幕的触控，我们需要考虑到，用户的多个手指接触屏幕时可能稍有先后，而受过专门训练的人其手指触屏动作可能是完全同步的。

```
    if ([allTouches count]>2)
    {
    }
```

我们不会处理 3 个或更多手指的手势，所以很早就将其过滤掉了。你完全可以在这里增加自己的处理，至少对此不存在技术上的限制。至于从用户体验的角度来讲是否建议这么做则是另一回事。

我们如下处理两指手势：

```
    else if ([allTouches count]==2)
    {
        NSArray* twoTouches = [allTouches allObjects];
```

NSSet 是未排序的，这里将触控放在一个数组中，它并不会为我们排序，不过至少我们可以单独地处理每个触控（尽管还不知道它们分别是什么）。

```
lastPinch = [self calculatePinch:twoTouches];
lastRotation = [self calculateAngle:twoTouches];
lastCenter = [self averageTouchPoint:twoTouches];
```

后面还会讨论这些方法的实现，此时重点在于我们要初始化 3 个跟踪变量，即一个用来跟踪手指之间的距离的浮点数，一个跟踪手指间相对角度的浮点数，还有一个跟踪手指之间的中点的 CGPoint。

还需要跟踪是否将界面锁定至某种特定的手势。完成两指拖动时，我们将把 modeLock 设置为 lockToXAxis 或 lockToYAxis，而与模式锁定的部件交互时，可以将其设置为 lockToRotation 或 lockToScale。在此之前，modeLock 默认为 lockNotYetChosen：

```
if (modeLock==lockNotYetChosen)
{
    axisLockedDrag = YES;
    originalCenter = lastCenter;
}
```

除非得到提示指出用户在完成某种更特定的手势，否则我们只能假设屏幕上的两个手指表示一个两指拖动。为此要进行初始化，不过首先注意我们所做的测试，尽管这个测试很小，但很重要：一旦检测到并锁定一个手势，则设置 modeLock，而且只有当这个手势中涉及的所有手指都离开屏幕时才会将其清除。所以，这个测试意味着你可以临时抬起和替换一个手指而不会导致手势重置。这非常重要，因为在拖动或快速滑动时，很容易使一个手指越过显示屏的边界，而 iPhone 会把它登记为触控结束。我们需要考虑到这种情况，否则屏幕边界附近的响应行为可能会让用户不满。

以上就是两指手势的处理，现在只需处理单指手势：

```
}
else
{
    UITouch* touch = [allTouches anyObject];
```

我们只是获取这里唯一的触控。可以看出，实际上不需要为单指拖动操作初始化任何状态。我们只检查两次轻击的情况，此时将部件重置为其默认大小（之前已在 awakeFromNib 中存储，这里未显示相应代码）：

```
if (touch.tapCount==2)
{
    CGPoint ctr = self.center;
    CGRect bounds = self.bounds;
    bounds.size.width = defaultSize;
    bounds.size.height = defaultSize;
```

```
                self.bounds = bounds;
                self.center = ctr;
            }
        }
    }
```

4.4.2 确定移动的含义

一个手指移动时意味着什么？与前面类似，我们要得到视图特定的所有触控，并查看有多少个触控从而确定响应。不过，每种情况的处理更为复杂：

```
- (void)touchesMoved:(NSSet *)touches withEvent:(UIEvent *)event
{
    NSSet* allTouches = [event touchesForView:self];
    if ([allTouches count]==1)
    {
        if (modeLock>lockNotYetChosen) return;
```

要对屏幕边界上手指抬起的动作进行处理，以上测试就是这个处理的另一部分：如果两指手势中的一个手指暂时脱离屏幕，我们不希望还原为一个单指拖动行为，所以要进行检查并相应地锁定行为。

不过，如果只是完成一个常规的拖动，其代码则相当简单。触控记得自己最后的位置以及当前位置，所以只需获取这两个位置，让二者相减就能得到手指的相对运动：

```
        UITouch* anyTouch = [touches anyObject];
        lastMove = anyTouch.timestamp;
        CGPoint now  = [anyTouch locationInView: self.superview];
        CGPoint then = [anyTouch previousLocationInView: self.superview];
        dragDelta = CGPointDelta(now, then);
        self.center = CGPointApplyDelta(self.center, dragDelta);
        [self stopTimer];
    }
```

注意，我们并不是获取当前视图中的触控位置！这是因为视图本身在移动，所以坐标系统会不断变化，这很让人头疼。我的意思是说，由于我们用手指拖动视图，如果做法得当，手指根本不会相对于视图移动！所以，我们应找到手指在超视图中的位置，这会为我们提供一个固定的参考帧。

这种技术适用于任何动画视图，不过要记住，对于很多动画视图你可能希望采用一种更简单的方法，即在视图完成动画时直接禁用与该视图的交互。

我们还记录了触控何时发生，因为后面还需要这个信息。完成所有这些工作后，接下来只需要更新图像保证匹配。我们还停止了这个视图上进行的所有后台动画（更多内容将在 4.4.4 节中讨论），因为用户的手指运动优先级更高。

现在，来看有意思的两指手势。首先采用通常的方法，收集可能需要的所有数据：

```
else if ([allTouches count]==2)
{
    NSArray* twoTouches = [allTouches allObjects];
    float pinch = [self calculatePinch:twoTouches];
    float rotation = [self calculateAngle:twoTouches];
    CGPoint touchCenter = [self averageTouchPoint:twoTouches];
    CGSize delta = CGPointDelta(touchCenter, lastCenter);
    CGPoint gadgetCenter = self.center;
```

这个代码块对应手势最开始的几帧，此时我们还不知道这是什么手势。要注意表现用户意图的一些线索。

```
    if (axisLockedDrag && (modeLock==lockNotYetChosen))
    {
        if (fabsf(pinch-lastPinch)>PINCH_THRESHOLD)
        {
            axisLockedDrag = NO;
            if (modal)
                modeLock = lockToScale;
        }
        else if (fabsf(rotation-lastRotation)>ROTATION_THRESHOLD)
        {
            axisLockedDrag = NO;
            if (modal)
                modeLock = lockToRotation;
        }
```

如果手指相互更靠近或更远离，或者存在相对旋转，这就不是一个两指拖动（两指拖动假设手指之间有恒定的相对位置）。当然，有可能出现很小的抖动，所以相对动作必须超出某个阈值。如果发生这种情况，则禁用拖动。应该记得，其中的一个部件允许自由编辑（可以同时伸缩和旋转），但另一个部件会自行锁定为最先发生的动作。

如果手指一同移动，则仍在完成一个拖动操作，不过需要再次检查阈值。一旦确定用户心里所想的特定的轴，则锁定到该轴：

```
        else
        {
            CGSize dragDistance = CGPointDelta(touchCenter, originalCenter);
            if (fabsf(dragDistance.width)>AXIS_LOCK_THRESHOLD)
            {
                modeLock = lockToXAxis;
```

```
        }
        else if (fabsf(dragDistance.height)>AXIS_LOCK_THRESHOLD)
        {
            modeLock = lockToYAxis;
        }
    }
}
```

4.4.3 应用移动

现在，我们已经知道要做什么了！下面只需要让适当的手势生效，这取决于具体的检测结果：

```
if (axisLockedDrag)
{
    switch(modeLock)
    {
    case lockToXAxis:
        delta.height = 0;
        gadgetCenter.y = Interpolate(gadgetCenter.y,
                                     originalCenter.y, 0.1f);
        break;
    case lockToYAxis:
        delta.width = 0;
        gadgetCenter.x = Interpolate(gadgetCenter.x,
                                     originalCenter.x, 0.1f);
        break;
    }
    self.center = CGPointApplyDelta(gadgetCenter, delta);
}
```

这个轴锁定拖动与之前的单指拖动是一样的，只不过我们取消了锁定轴以外其他轴上的动作。另外，因为用户开始采用这种方式移动之前我们并不知道该锁定到哪个轴，所以开始时允许自由拖动。确定锁定轴后需要取消这种自由拖动，不过如果直接让部件突然跳到目标位置会太过突兀，我们的做法是采用线性内插方法将其放至合适的位置。

另一种方法则是完全拒绝移动部件，直到已经锁定到一个轴。这个方法响应性稍差，用户可能认为需要更使劲地拖拉部件它才会开始移动，不过界面可能感觉更稳定甚至稍稍有些磁性，就像一个 MagSafe 电源适配器。

在这里开始处理可能应用到部件的各种变换：

```
else
{
    if (modeLock!=lockToScale)
```

```
            {
                CGAffineTransform transform = self.transform;
                transform = CGAffineTransformRotate(transform,
                                                    rotation-lastRotation);
                self.transform = transform;
            }
```

注意，我们并没有检测当前锁，而是应用了所有未排除的变换，因为在自由模式中可以同时应用多个变换。

```
            if (modeLock!=lockToRotation)
            {
                float scale = pinch/lastPinch;
                CGRect bounds = self.bounds;
                bounds.size.width *= scale;
                bounds.size.height *= scale;
                self.bounds = bounds;
            }
```

在自由模式中还有一点需要注意：旋转和缩放一个部件时，可能做不到均匀地移动两个手指。实际上，你可以到处滑动，由于我们只跟踪相对动作，这种控制仍在起作用。不过，这看上去会很奇怪。如果将部件的位置更新为手指的中点，就会维持一种“假象”，就好像我们在管理一个物理对象：

```
            if (modeLock==lockNotYetChosen)
                self.center = CGPointApplyDelta(self.center, delta);
```

最后，更新跟踪状态，从而能够与下一轮的值进行比较。这样就大功告成了！

```
            lastPinch = pinch;
            lastRotation = rotation;
        }
        lastCenter = touchCenter;
    }
}
```

4.4.4　应用重量和惯性

现在，我们已经实现了所有手势，不过还缺少一些内容。之前我曾提到过重量和惯性的重要性，现在就把它们付诸实践。如果快速滑动一个对象，它会一直保持滑动。

这些工作在手指抬起那一刻完成，与以往一样首先获取当前触控。要记住，在这个阶段仍包含从屏幕移除的触控。我们对移除的所有手指完成标准检查：如果仍有手指保持触摸视图的状态，则认为部件被抓住，相应地不做其他处理。

```
- (void)touchesEnded:(NSSet *)touches withEvent:(UIEvent *)event
{
    NSSet* allTouches = [event touchesForView:self];
    if ([touches count]==[allTouches count])
    {
        modeLock = lockNotYetChosen;
```

部件已被松开。显然此时应当撤销锁定，但是在实现惯性之前，必须检查部件最后一次移动的时间：

```
        if ((event.timestamp - lastMove) > MOVEMENT_PAUSE_THRESHOLD)
            return;
```

如果部件已经静止了一段时间，它并不会“招之则来，挥之则去”，也就是说，并不是我们让它动它就立即开始移动。手指从屏幕上抬起时有可能稍稍滚动或移动位置，这种情况也很常见，所以我们还要忽略这些微小移动：

```
        if ((fabsf(dragDelta.width)>INERTIA_THRESHOLD) ||
         (fabsf(dragDelta.height)>INERTIA_THRESHOLD))
        {
            [self startTimer];
        }
    }
}
```

部件应当能够在没有用户交互时移动，所以我们运行一个定时器，以 60fps 的速度（iPhone 的屏幕刷新速率）完成更新。这里假设你已经知道如何使用 NSTimer，所以下面只介绍定时器触发时会发生什么：

```
- (void) timerTick: (NSTimer*)timer
{
    dragDelta = CGSizeScale(dragDelta, INERTIAL_DAMPING);
```

之前计算用户手指的移动时，我们将它存储在一个成员变量中（而不是一个局部变量），以便以后访问。这样一来，部件会以用户最后一次移动它的速度继续移动。每次定时器触发时，我们都将这个向量乘以一个稍小于 1 的小数，以此模拟部件下表面的摩擦力。

这个简单的模拟绝对不会达到 0，所以只有当它大于某个阈值时我们才做处理：

```
    if ((fabsf(dragDelta.width)>DELTA_ZERO_THRESHOLD) ||
            (fabsf(dragDelta.height)>DELTA_ZERO_THRESHOLD))
    {
        CGPoint ctr = CGPointApplyDelta(self.center, dragDelta);
```

这里要计算部件的新位置，不过我们并没有立即应用这个新位置。首先需要对它进行测试，否则部件很容易滑出到外围空间。就像一个滚动列表，部件到达边界时就会弹开。碰撞检测有些超出本章的范围，不过如果需要了解有关内容，可以参考示例代码。

```
        CGSize halfSize = CGSizeMake(self.bounds.size.width/2,
                        self.bounds.size.height/2);
        [self check:&ctr delta:&dragDelta halfSize:halfSize
                        forBouncingAgainst:self.superview.bounds.size];

        self.center = ctr;
    }
    else
    {
```

如果惯性运动减弱到无法察觉的程度，则去除惯性处理，这样可以节省用户的电池（当然还有其他一些好处）。前面曾提到，如果把一个手指放在部件上，我们也可以使之停止，从而允许动态捕获。

```
        [self stopTimer];
    }
}
```

4.4.5 集成

我们已经了解了手势各个部分的处理，你应该能够实现自己的手势了。作为本节最后一部分，首先要指出：如果一个触控被操作系统取消，那么还需要清除手势锁定。另外，为兑现之前的承诺，我们还会简单介绍如何计算跟踪手指所用的值。

其中，最复杂的是 calculateAngle 方法，首先来分解介绍这个方法：

```
- (float) calculateAngle:(NSArray*)twoTouches
{
    NSParameterAssert([twoTouches count]==2);
    UITouch* firstTouch = [twoTouches objectAtIndex:0];
    UITouch* secondTouch = [twoTouches objectAtIndex:1];
```

完成一个简单的安全检查之后，取出两个触控，并任意确定其中之一作为第一个触控。我们将它们放入一个数组，以便使用 objectAtIndex，不过数组本身的顺序可以是任意的。这是唯一关心触控发生顺序的方法，所以要比较指针并在必要时交换它们的顺序：

```
    if (firstTouch>secondTouch)
    {
        UITouch* temp = firstTouch;
        firstTouch = secondTouch;
        secondTouch = temp;
    }
```

表示各个触控的 UITouch 对象在整个事件期间都保持不变。所以，如果以上述方式进行排序，就维持了某种顺序（可以是任意顺序）。只要不在手势中改变，这个顺序本身并不重要。完成这个工作后可以抽取坐标，这里同样是父视图参考帧中的坐标，这样部件本身的旋转不会扰乱我们的计算：

```
    CGPoint first  = [firstTouch locationInView:self.superview];
    CGPoint second = [secondTouch locationInView:self.superview];
    CGSize  delta  = CGPointDelta(first, second);
    return atan2f(delta.height, delta.width);
}
```

最后，可以利用 C 标准库的 atan2f 函数得到点之间连线所描述的角度。

其他计算同样很简单，也遵循相同的模式，所以没有必要在这里重复列出。calculate-Pinch 方法会获取连线的长度而不是角度。averageTouchPoint 更简单，它会计算所传入的坐标数组的平均值。

4.5 小结

要记住重要的一点，本章的示例代码只是展示这些技术的一个例子，而并非一个好的应用设计！在一个部件上重载如此之多的行为，这绝不是什么好主意。有关内容可以参考苹果公司的 *iPhone Human Interface Guidelines*（参见 http://developer.apple.com/iphone/）。不要只是把这些原则当作需要遵循的规则，而应考虑决定这些原则的基本思想。重要的是内在精神，而非文字表象。iPhone 应用不仅有别于桌面应用，就其本身也千差万别，因为它们并非都安稳地用于平坦、受控的环境。有些应用（如 Stage Hand）会在相当受控的环境中使用，但用户本身可能非常紧张。还有一些应用则纯粹为了放松心情，不过使用这些应用的用户有可能正在一辆公交车上晃来晃去，而且另一只手上还拿着大包小包。

首先，最好尽可能保证设计简洁，而不是依赖于巧妙的技巧并希望它们奏效。不过，有时你可能别无选择，所以此时最好充分利用这些工具，特别是为了增强功能或者提供可选的额外特性而不是应用的核心任务时，这一点尤其重要。

如果必须使用高级手势，应当努力保证处理尽可能简单。在这方面往往很容易多虑！你并不需要编写一个手写识别系统。实际上，应当尽可能关注用户的意图，并做最少的工作来完成检测它们并区分其他意图。绝对不要限制过多，也不要对用户的准确性有太高要求。

用户有时会做一些奇怪的事情，不过如果换位思考，从用户的角度（或者有机会询问用户）找出原因，结果可能极具启发性。最好把这些理解补充到应用中去。如果先行考虑用户为什么希望做某件事情，就可以超前一步，为他们提供合理的选择，或者只启用合适的手势，通常这样能够提高检测的可靠性。并不要求你能够“通灵”，但是如果能够从用户的角度考虑，就可以让 iPhone 看上去好像有心灵感应一样！

Benjamin Jackson

所在公司：Brainjuice

位置：巴西里约热内卢

开发经历：所用语言（大致顺序为）：BASIC、Pascal、C/C++、Objective Caml、Java、Flash/ActionScript 和 Ruby/Rails。开发环境：Eclipse、Visual Studio 和 Flash。使用过的程序：TextMate、Creative Suite 和 Terminal.app。

iPhone 开发经历：创建了 Arcade Hockey 游戏和 Town Hall 参考应用。

iPhone 开发工具包：文本编辑软件 TextMate，用于构建的 Xcode，用于检测泄漏的 instruments 和 clang 静态分析器。

本章内容：介绍如何利用 cocos2d 建立应用、响应触控事件以及碰撞检测。

关键技术：

- cocos2d
- Chipmunk
- OpenGL ES

第5章

基于cocos2d-iPhone框架的物理学、Sprite和动画

也许你想编写一个支持真实物理特性的 iPhone 游戏，那么就从本章起步吧。

下面说说我们的故事。Brainjuice 是我和 Ivan Neto 在 2007 年创立的，作为我们的代理商 INCOMUM Design & Concept 的产品分部。那一年 12 月，我们启动了 Blogo 项目，Blogo 是一个网络日志编辑器，也是我们的第一个 Mac 桌面应用。

iPhone SDK 第一版发布后，下一步很自然的就是为 iPhone 开发内置应用。我们已经很精通 Objective-C，还能够在必要时自由地混合使用 C 和 Objective-C（同时充分利用现有的 C 库），这对我们帮助很大。这种触摸屏交互是其他设备无法匹敌的，加入三向加速计后，更是为界面和控件带来了不可限量的可能性。手势控制结合真实物理特性可以创造一种惊人的沉浸式游戏体验。

我们决定中止开发 Blogo 的 iPhone 版本，因为我们很清楚，不论从界面设计还是从必须集成的众多不同服务来看，这都将是一个复杂的问题。换个角度，我们希望直接开发一个游戏，以便对如何在多指触控环境中开发有所认识。当时我们的开发经验还包括使用 Flash 开发 2D 滚动条、3D 增强现实模拟以及多个平台上的虚拟世界开发，不过对于涉及两个玩家的比赛则毫无经验。

Air hockey（桌面曲棍球）是一个备受众人喜欢的经典街机游戏。小时候我们都玩过这个游戏，而从可玩性和真实性来看，App Store 中现有的曲棍球游戏都达不到我们的标准。球门大小、桌面摩擦力以及球棍大小等因素都对游戏体验有极大的影响，对于这些方面，我们测试过的所有应用（其中大多数都是免费的）都未能提供完美组合。

本章，我将解释 2D 游戏编程的一些基本概念。为了便于说明，我将讨论开发 Arcade Hockey 的全过程，包括我们面对的挑战，以及如何攻克这些难关。我还将解释光照、碰撞检测、物理模拟，以及如何使游戏从原型发展为真正可玩的游戏。

5.1　游戏编程入门

编写游戏（不论是否是 iPhone 游戏）与编写其他类型的应用完全不同。开发人员并不只是为用户提供一系列用于用户导航的屏幕，而是必须为用户设计一个虚拟世界，使用户能够与之交互。这个空间可以是 2D 或 3D 空间，程序员的任务包括两方面。

- 设计空间并定义约束。约束可以是空间的外围边界以及内部边界（例如，在一个迷宫游戏中），不过并不仅限于位置约束，摩擦、弹性、重力，甚至光照对于用户在虚拟空间中的体验都起着重要作用。
- 定义对象与空间交互的有关规则。归根结底，这通常就是定义对象相互碰撞时会发生什么。例如，球碰到球门的后壁时，用户就会得分，而当玩家碰到一个致命对象时则会丧命。

本章，我们将了解在 iPhone 上开发一个 2D 游戏所遇到的特有挑战。为此，我们将使用 OpenGL ES，并借助 cocos2d 和 Chipmunk 库来创建一个简单的迷你高尔夫游戏（见图 5-1）。

图 5-1　迷你高尔夫游戏层

5.1.1　OpenGL ES 简介

OpenGL ES 是当今使用最广泛的图形编程 API。它是作为一个标准 C 库实现的，并成为无数 2D 和 3D 游戏以及开发框架的基础。如果系统配备有针对 OpenGL 优化的处理器，这些系统上的繁重计算会交由图形卡完成，从而获取更好的性能并减少 CPU 的负载。

OpenGL ES 是 OpenGL API 的一个子集，专门针对诸如移动电话、PDA 和手持视频游戏控制台（如 Nintendo DS 和 PSP）等嵌入式设备实现优化。

5.1.2 cocos2d 和 Chipmunk 简介

OpenGL 很强大，不过要求开发人员反复手工编写相同的调用，而且方法名往往晦涩难懂，以至于没等开发出第一个原型，就会让很多原本神智正常的人烦躁得用头碰墙。在这种背景下，cocos2d 和 Chipmunk 应运而生，这两个库不仅具备 OpenGL 原先的功能，还增加了一个抽象层，可以将 OpenGL 打包到 2D 游戏编程语言中。

在 3D 游戏编程中，渲染基于映射到**纹理**的 3D 坐标集合。2D 游戏编程中，显示则基于映射到 **sprite**（二维空间中移动的平面图形）的 2D 坐标。sprite 按图层组织，从而允许在 Z 轴上简单堆叠。cocos2d 使用 2D **向量**（坐标集合）来定义场景上的点以及对这些点的变换（例如，“按向量 *Y* 移动向量 *X*”）。我们使用向量来定义 sprite 的位置。

为了模拟真实世界的物理特性，在 cocos2d 之上又增加了 Chipmunk。Chipmunk 增加了一些函数，允许我们定义 sprite 的物理特性（摩擦和弹性），以及 sprite 发生碰撞时相互之间如何交互。

5.2 开发 Arcade Hockey

本节，我们将讨论创建 Arcade Hockey（如图 5-2 所示）的全过程。在这个开发过程中，我们学到了如何让一个游戏既具有“可玩性”又有“趣味性”，也遇到了很多需要一些创造性解决方案的挑战。

图 5-2 Arcade Hockey 的主菜单

我们首先研究了 App Store 中的其他曲棍球游戏，最初其中一些付费游戏很让我们震撼。我们下载并测试了所有其他应用，以了解这些同类游戏已经提供了哪些功能。

我们注意到，球门都太小，所以如果对手把球棒一直放在十二点钟方向，就几乎不可能得分。我们还注意到，人工智能策略总是保证球棒位于十二点钟方向，这并不是巧合。对需要做的改进有了初步想法之后，我们转向了确定屏幕和基本选项。

关于品牌和界面设计，我们基于 20 世纪 80 年代老式视频游戏的图形界面选择了一个有创意的方向，这曾是街机游戏的标准（正是在这个领域曲棍球日趋流行）。所有图片都在 Adobe Illustrator 中被制作为向量图，这样就允许我们针对多种用途任意缩放图形而不会降低其质量。例如，Arcade Hockey 提供了多种球棒和球大小（见图 5-3）。我们建立了一个原型应用（包括一个空球桌和一些占位图片），首先来处理物理特性并同时设计 sprite。

确定了合适的球棒后，接下来确定球的基本玩法。很快我们了解到，碰撞检测远非即插即用的特性，于是我们开始调整代码以避免某些 bug，如球缓慢移动并且快要碰到球棒时可能会有多个碰撞累加，而当球砸向围墙时也可能出现这种情况。为了保证这种 bug 不会对你的应用造成破坏，一定要在检测到第一个碰撞时设置一个标志，并设置一个定时器在很短时间（不到 1s）之后将标志清除。

图 5-3 选项屏幕

在此基础上，我们开始转向 AI（Artificial Intelligence，人工智能）方面。现在看来，AI 在整个开发工作中占了很大比重，我们经过多次反复，分别采用不同的策略，直到最后找到足以表现真实挑战的足够聪明的 AI 策略。

例如，如何知道对手是在进攻还是在防守？一种办法是看球目前处于球桌的哪个半场。不过，这种方法没有考虑到球位于对手区域但向球门移动的情况。最终的最优策略则充分结合了球相对于球棒的位置信息和球的速度。

最后，我们充实了选项屏幕（如图 5-3 所示），增加了不同的球大小和球棒大小，并为程序增加了最终完善的图片和一些最后补充，如第一个屏幕中模拟的游戏噪音，以及在“突然死亡”赛点时出现的燃烧球效果。我们还对游戏玩法稍稍做了调整，调整球的最大速度以保证游戏不会失控。

接下来，我将更为详细地讨论我们遇到的一些特定的挑战，并介绍这些问题是如何解决的。

5.2.1 跟踪用户手指

开始编写代码时，首先让球棒发挥作用来跟踪用户的手指。这个问题确实有些难度，因为这里存在一个重要的可用性问题：用户在控制球棒的同时还应当能够看到球棒。经过一番尝试后我们发现，球棒的最佳位置就在手指前面一点。

不过，这意味着用户回防时无法保护球门。因此，必须调整球相对于用户手指的位置，从而保证在屏幕的后面时它就在下方（如图 5-4 所示），并随着球棒接近中线逐渐前移。

图 5-4　跟踪手指同时保护球门（灰圆圈显示手指位置）

代码清单 5-1 显示了对用户手指做出补偿的代码段。

代码清单 5-1　补偿用户手指

```
int finger_padding = 30;
int fat_fingers_offset = 40; // 再增加一点偏移

// ……片段
```

首先，设置一些值，这些值将在后面用来设置球相对于用户手指的偏移量：

```
- (void)touchesBegan:(NSSet *)touches withEvent:(UIEvent *)event {
  for (UITouch *myTouch in touches) {

    CGPoint location = [myTouch locationInView: [myTouch view]];

    // 将位置坐标转换为游戏坐标
    location = [[Director sharedDirector] convertCoordinate: location];
```

接下来，获取相对于视图的触控位置。需要使用 Director 对象中的 convertCoordinate: 方法将这个坐标转换为相对于当前图层：

```
    if (CGRectContainsPoint(player1AreaRect, location)) {

      // 不要让球棒进入其他玩家区域
      if (CGRectContainsPoint(notPlayer1AreaRect, location)) {
        break;
      }
```

下面，阻止球棒触击这个区域以外的任何点，如果发现它在 notPlayer1AreaRect（代码前面已定义）内部则中断：

```
      // 根据位置计算边距
      cpFloat padding = finger_padding * ((120 - location.y) / 100);
      location.y -= padding;
      location.y += fat_fingers_offset;
```

这里有一个技巧：手指达到球桌底边时将球棒的 y 值减少一个接近于 0 的因子，并在中场部分将它线性增加到手指前方最多 80 像素的位置：

```
        // 将位置锁定到中线
        if (location.y > 240) location.y = 240;
        cpVect p1position = cpv(location.x, location.y);
        cpMouseMove(player1Mouse, p1position);
      }
```

由于我们将球向前推，因此希望把它锁定到球桌中央：

```
    else if (CGRectContainsPoint(player2AreaRect, location) &&
             !singlePlayerMode) {

      // 不要让球棒进入其他玩家区域
      if (CGRectContainsPoint(notPlayer2AreaRect, location)) {
        break;
      }

      // 根据位置计算边距
      cpFloat padding = finger_padding * (( location.y - 360 ) / 100);
      location.y += padding;
```

```
        location.y -= fat_fingers_offset;

        // 将位置锁定到中线
        if (location.y < 240) location.y = 240;
        cpVect p2position = cpv(location.x, location.y);
        cpMouseMove(player2Mouse, p2position);
      }
    }
  }
```

然后，对第二个玩家做同样的处理（除非处于单玩家模式）。

5.2.2 检测碰撞

碰撞检测是所有想要模拟真实感的游戏的核心。在真实世界里，碰撞时对象会以某个特定方向和速度相互弹开（取决于两个对象的惯性及其速度和方向）。

在大多数游戏中，让我们感兴趣的不只是对象真实地碰撞，对于基于这些碰撞（例如，火箭与其目标碰撞）的触发事件我们也很感兴趣。为了处理这些特殊情况，要为事件类型（存储为 C 常量）关联相应的回调（存储为 C 函数指针）。

让我们惊讶的是，要保证碰撞检测可行而且可以演示，这个工作竟然相当困难。特别是，最初我们根本无法在用户松开球棒后让球棒继续按其轨迹运动，直到后来在邮件列表中注意到我们一直使用的物理特性库 Chipmunk 得到了更新，已经补充了新的 cpMouse 函数。这些函数模拟了 2D 空间中的一个鼠标指针，允许通过编程方式移动一个对象，而且在将它松开后仍能保持其动量，这对于让球棒追随用户的手指逼真地移动极其重要。

有时，球的移动可能过快，以至于越过围墙而根本没有产生任何碰撞事件。我们苦思冥想希望找出方法来避免这种情况，最后的做法是把它当作等价于不小心将球打飞的情况。

我们还注意到，球桌角落最后会将球困住，除非把它推入球桌，否则就无法继续玩下去（如图 5-5 所示）。

图 5-5 避免将球困在角落里

球落入角落时，在朝向中心的方向给球一个微弱推力就足以修正这个问题，如代码清单 5-2 所示。

代码清单 5-2 让球离开角落

```
enum {
  kColl_Puck,
  kColl_Goal,
  kColl_Horizontal,
  kColl_Player1,
  kColl_Player2,
  kColl_Pusher
};

// 片段……初始化其他变量
```

检测碰撞的第一步是在一个 enum 中初始化碰撞的类型。后面将使用这些类型为碰撞区域关联相应的 C 函数。

```
@implementation GameLayer

- (id) init {

  // 片段……建立球场，玩家等

  // 增加球
  puck = [self addSpriteNamed:@"puck.png"
    x:160 y:240 type:kColl_Puck];
```

首先，使用 addSpriteNamed:（随之而来的便利函数）增加球。它取一个图像、图像的尺寸和一个碰撞类型（这里是 kColl_Puck）作为参数。

```
  // 并在角落增加一个形状将它推出
  cpShape *pusher = cpCircleShapeNew(staticBody, radius,
    cpv(distance, distance));
  pusher -> collision_type = kColl_Pusher;
  cpSpaceAddStaticShape(space, pusher);
```

接下来，为角落增加一个碰撞形状，指定它为之前定义的 kColl_pusher 类型。

```
  // 最后增加一个碰撞关联函数
  // 将在发生碰撞时调用
  cpSpaceAddCollisionPairFunc(space, kColl_Puck, kColl_Pusher,
    &puckHitPusher, puck);
}
```

最后，为碰撞区域关联 C 函数。为此，我们调用了 cpSpaceAddCollisionPairFunc，并为之传送我们的空间（已在 GameLayer 的 init 函数中用 cpSpaceNew() 定义）、希望关联的碰撞类型、C 函数的引用，以及球的引用（这里没有用到这个参数，所以可以传入 NULL，不过增加这个参数并没有坏处，也许以后还要用到）。

```
- (void)pushPuckFromCorner{
  cpBodyApplyImpulse(puck, cpvsub(cpv(160,240), puck->p), cpvzero);
}
```

关键就在这里：我们定义了一个函数将球从角落推开，以后将在 C 函数回调中调用这个函数。这里只是在朝向球桌中心的方向上对球施加一个推力。

```
- (cpBody *) addSpriteNamed: (NSString *)name x: (float)x
    y:(float)y type:(unsigned int)type {

  // 增加一个新 sprite，将其居中
  Sprite *sprite = [Sprite spriteFromFile:name];
  [self add: sprite z:2];
  sprite.position = cpv(x,y);
```

现在，来看之前使用的便利函数。首先，创建一个新的 sprite 并确定位置。

```
  // 根据图像尺寸建立顶点
  UIImage *image = [UIImage imageNamed:name];
  int num_vertexes = 4;

  cpVect verts[] = {
    cpv([image size].width/2 * -1, [image size].height/2 * -1),
    cpv([image size].width/2 * -1, [image size].height/2),
    cpv([image size].width/2, [image size].height/2),
    cpv([image size].width/2, [image size].height/2 * -1)
  };
```

然后，根据图像尺寸设置其碰撞顶点，使方框在 sprite 中间居中。

```
  // 每个对象需要一个体
  cpBody *body = cpBodyNew(1.0, cpMomentForPoly(1.0, num_vertexes,
    verts, cpvzero));
  body->p = cpv(x, y);
  cpSpaceAddBody(space, body);

  // 和一个形状表示其碰撞框
  cpShape* shape = cpCircleShapeNew(body, [image size].width / 2,
    cpvzero);
  shape->e = 0.5;  // 弹性
  shape->u = 0.5;  // 摩擦力
  shape->data = sprite;
shape -> collision_type = type;
```

利用所定义的顶点为对象提供一个体（body）和形状，并设置它的弹性、摩擦力、sprite 数据和碰撞类型。

```
  cpSpaceAddShape(space, shape);
  return body;
}
```

最后，将这个形状增加到空间中，从而在主图层中显示它。

```
@end

int puckHitPusher(cpShape *a, cpShape *b, cpContact *contacts,
  int numContacts, cpFloat normal_coef, void *data) {
  [(GameLayer *) mainLayer pushPuckFromCorner];
  return 0;
}
```

我们的 C 函数回调只是将这个消息转发给主图层，并把球从角落推开。

5.2.3 在 2D 空间中模拟 3D 光照

要在球棒上模拟真实的光照，还需要求助于一个经典技巧。如果将光线在球桌上居中，可以根据球棒相对于中心的位置旋转球棒，以此模拟光线的方向（如图 5-6 所示）。这会让球棒的高亮部分和阴影部分看起来与光线真实对应。

图 5-6 迷你高尔夫游戏图层，玩家 sprite 根据其相对于中心的角度旋转

通过代码清单 5-3，你会了解如何相对于游戏区中心旋转 sprite 来模拟一个中心光源。

代码清单 5-3 3D 光照模拟

```
- (void)step: (ccTime) delta {

  // 片段……

  // 处理球的旋转来模拟
  // 一个光源的效果
  cpVect newPosition;

  // 寻找场景中心
  CGRect wins = [[Director sharedDirector] winSize];
  cpVect centerPoint = cpv(wins.size.width/2, wins.size.height/2);

  // 旋转玩家 1
  newPosition = cpvsub(centerPoint, player1->p);
  [(Sprite*) p1_shape->data setRotation:90 -
    RADIANS_TO_DEGREES(cpvtoangle(newPosition))];

  // 旋转玩家 2
  newPosition = cpvsub(centerPoint, player2->p);
  [(Sprite*)p2_shape->data setRotation: 90 -
    RADIANS_TO_DEGREES(cpvtoangle(newPosition))];
}
```

我们首先将主窗口宽度和高度减半来找到场景中心。对于每个玩家，分别从中心点减去球棒的位置（得到新的位置结果），并由此利用 `cpvtoangle` 计算角度，其中使用位置结果来设置 sprite 的旋转。这里调用了标准 OpenGL `RADIANS_TO_DEGREES` 宏将 `cpvtoangle` 返回的弧度值转换为传递给 `setRotation` 的角度值。

5.3 创建一个简单的应用

在本节，我们将建立一个迷你高尔夫游戏的简单原型（如图 5-1 所示）。用户可以用一个手指拖动球棒，并努力让球越过障碍一击入洞。如果碰到后壁，会导致球返回到起始点。

5.3.1 建立 Xcode 工程

首先，在 Xcode 中建立一个基于视图的应用（如图 5-7 所示），不过我们不需要生成的视图代码，而将对所有图形使用 cocos2d `Layer` 类。

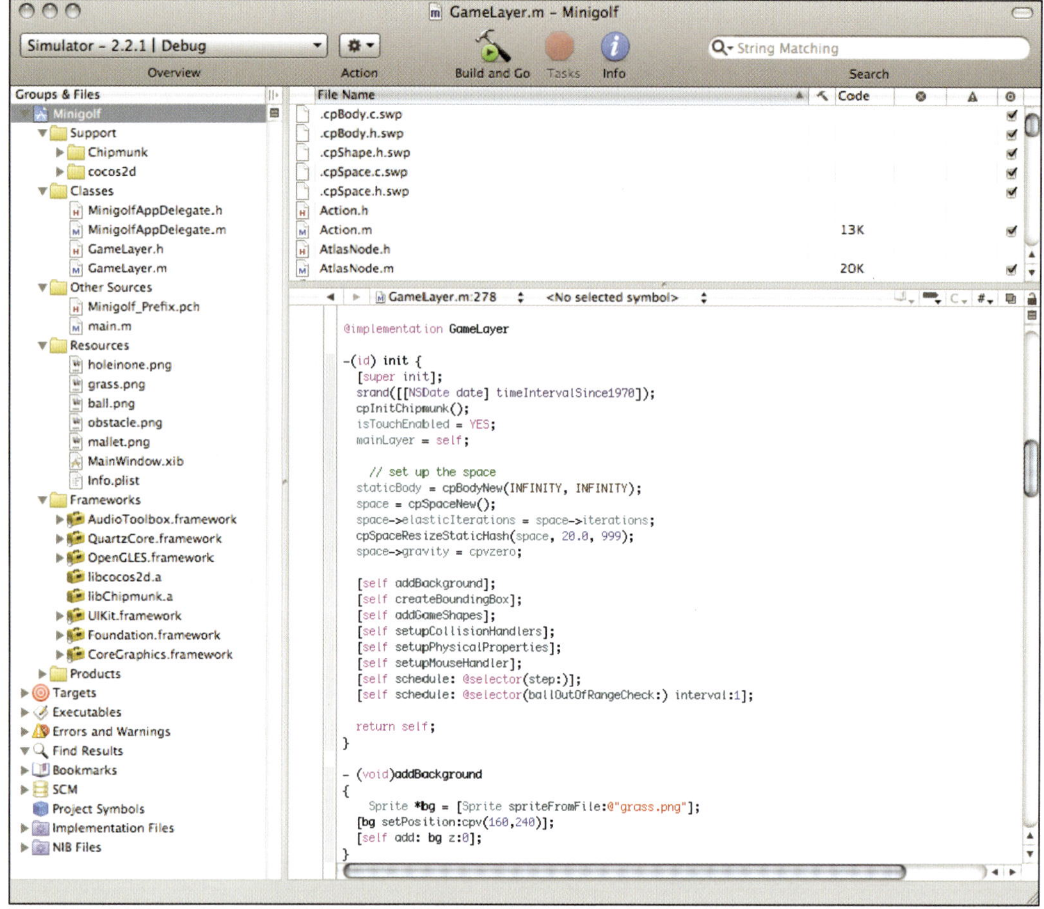

图 5-7　迷你高尔夫游戏的 Xcode 工程

这个应用使用了以下框架。

- libcocos2d：2D 游戏库，可以从 http://cocos2d.org 得到。这个工程中使用的版本是 0.5.2；如果你使用的是之后的版本，可能需要修改代码，因为这个 API 还不稳定。
- libChipmunk：刚体物理库，可以从 http://code.google.com/p/chipmunk-physics/ 得到。
- AudioToolbox：会让电话振动（没错，振动也像其他声音一样处理）。
- OpenGL ES：cocos2d 的一个依赖库（参阅 5.1 节来了解更多细节）。
- CoreGraphics：完成屏幕上图形的绘制，由 OpenGL ES 使用。
- QuartzCore：完成屏幕上图形的绘制，由 OpenGL ES 使用。

首先，需要将 AudioToolbox、CoreGraphics、QuartzCore 和 OpenGL ES 框架拖到 Xcode 中的 Frameworks 组。

还需要为这个 Xcode 工程增加 cocos2d 和 Chipmunk 的相应头文件和源文件，为此要把它们拖到 Support 组，并向 Resources 组增加不同 sprite 的图像。

5.3.2 设置场景

在应用委托中设置场景，应用委托是一个由应用接收重要事件（如启动和关闭）通知的类。我们将在本节定义场景，并设置移动对象使主图层开始运行。

代码清单 5-4 显示了如何在应用委托中设置场景，并将控制转交给 Director。

代码清单 5-4 在应用委托中建立场景

```
- (void)applicationDidFinishLaunching:(UIApplication*)application
{
  [[Director sharedDirector] setAnimationInterval:1.0/60];
  Scene *scene = [Scene node];
  [scene add: [GameLayer node] z:0];
  [[Director sharedDirector] runScene: scene];
}
```

既然已经建立了应用委托，下面来建立主图层。应用从 MinigolfAppDelegate 的 applicationDidFinishLaunching: 方法启动。在这里，我们要设置帧速率（这个例子中是 60fps）、创建主场景，并向它增加一个图层。最后，传入所创建的场景来启动 cocos2d director 使之进入运行模式。

```
- (void)applicationWillResignActive:(UIApplication *)application
{
  [[Director sharedDirector] pause];
}

- (void)applicationDidBecomeActive:(UIApplication *)application
{
  [[Director sharedDirector] resume];
}
```

如果用户接到一个电话，要让应用做好准备，通过调用 Director 单例上的 pause 和 resume 方法相应地暂停和继续。

5.3.3 创建游戏层

实际动作都发生在游戏层。这一层包含空间的围墙，后面还有一块凹入的区域，这将作为球洞。我们还要增加球和球棒。另外，为了让游戏更有意思，还会增加一些障碍物。

调用 runScene（见代码清单 5-4）之后，会调用 Layer 子类的 init 方法（见代码清单 5-5）。我们要在这里创建所有 sprite，将它们设置到场景上，并为它们指定质量和帧（使它们更像是真实物体）。我们还要建立所有碰撞回调（对象碰撞时触发的 C 函数指针），从而能够对不同类型对象之间的碰撞事件做出响应。碰撞类型在 GameLayer.m 最前面的 enum 中定义。

代码清单 5-5 在主游戏层中定义空间

```
@implementation GameLayer

- (id) init {
  [super init];
  srand([[NSDate date] timeIntervalSince1970]);
  isTouchEnabled = YES;
  mainLayer = self;

  // 为 Chipmunk 建立空间
  staticBody = cpBodyNew(INFINITY, INFINITY);
  space = cpSpaceNew();
  space->elasticIterations = space->iterations;
  cpSpaceResizeStaticHash(space, 20.0, 999);
  space->gravity = cpvzero;

  [self addBackground];
  [self createBoundingBox];
  [self addGameShapes];
  [self setupCollisionHandlers];
  [self setupPhysicalProperties];
  [self setupMouseHandler];
  [self schedule: @selector(step:)];
  [self schedule: @selector(ballOutOfRangeCheck:) interval:1];

  return self;
}
```

首先，为随机数生成器提供种子并初始化 Chipmunk（如代码清单 5-5 所示），然后创建一个空间并启用弹跳。这里将重力设置为 0，因为场地是平坦的，默认情况下不应对对象有任何方向的拉力。

```
- (void)addBackground
{
  Sprite *bg = [Sprite spriteFromFile:@"grass.png"];
  [bg setPosition:cpv(160,240)];
  [self add: bg z:0];
}
```

背景就是由 Xcode 工程中的一个资源创建的一个 sprite，把它增加到最低的 *z* 索引上。

```
#define GOAL_MARGIN 145

// 片段……

- (void)createBoundingBox
{
  cpShape *shape;

  CGRect wins = [[Director sharedDirector] winSize];
  startPoint = cpv(160,120);

  // 建立外围方框
  cpFloat top = wins.size.height;
  cpFloat WIDTH_MINUS_MARGIN = wins.size.width - GOAL_MARGIN;

  // 底部
  shape = cpSegmentShapeNew(staticBody, cpv(0,0),
    cpv(wins.size.width,0), 0.0f);
  shape->e = 1.0; shape->u = 1.0;
  cpSpaceAddStaticShape(space, shape);

  // 顶部
  shape = cpSegmentShapeNew(staticBody, cpv(0,top),
  cpv(GOAL_MARGIN ,top), 0.0f);
  shape->e = 1.0; shape->u = 1.0;
  cpSpaceAddStaticShape(space, shape);
  shape -> collision_type = kColl_Horizontal;

  // ……
```

然后，建立外围框，在较远的墙后面创建一个小框，这将作为球洞。这些形状的碰撞类型指定为 `kColl_Horizontal` 和 `kColl_Goal`，后面将由一个回调将其关联到球洞。

```
- (void)addGameShapes
{
  ball = [self addSpriteNamed:@"ball.png" x:160 y:120 type:kColl_Ball];
  obstacle1 = [self addSpriteNamed:@"obstacle.png" x:80
    y:240 type:kColl_Ball];
  obstacle2 = [self addSpriteNamed:@"obstacle.png" x:160
    y:240 type:kColl_Ball];
  obstacle3 = [self addSpriteNamed:@"obstacle.png" x:240
    y:240 type:kColl_Ball];
  player = [self addSpriteNamed:@"mallet.png" x:160
    y:50 type: kColl_Player];
}
```

为增加这些形状，我们抽象出一个便利函数，该函数能够创建 sprite 并设置其物理特性。

```
- (cpBody *) addSpriteNamed: (NSString *)name x: (float)x
    y:(float)y type:(unsigned int) type {

  UIImage *image = [UIImage imageNamed:name];
  Sprite *sprite = [Sprite spriteFromFile:name];
  [self add: sprite z:2];
  sprite.position = cpv(x,y);
```

首先，获取图像，创建其 sprite 并根据作为参数传入的 x 和 y 值设置其位置。

```
  int num_vertices = 4;
  cpVect verts[] = {
    cpv([image size].width/2 * -1, [image size].height/2 * -1),
    cpv([image size].width/2 * -1, [image size].height/2),
    cpv([image size].width/2, [image size].height/2),
    cpv([image size].width/2, [image size].height/2 * -1)
  };

  // 每个对象需要一个体
  cpBody *body = cpBodyNew(1.0, cpMomentForPoly(1.0, num_vertices,
    verts, cpvzero));
  body->p = cpv(x, y);
  cpSpaceAddBody(space, body);

  // 和一个形状表示其碰撞框
  cpShape* shape = cpCircleShapeNew(body, [image size].width / 2,
    cpvzero);
  shape->data = sprite;
  shape -> collision_type = type;

  if (type == kColl_Ball) {
    shape->e = 0.5f; // 弹性
    shape->u = 1.0f; // 摩擦力
  } else {
    shape->e = 0.5; // 弹性
    shape->u = 0.5; // 摩擦力
  }
```

然后为 sprite 提供体和形状，指定弹性和摩擦并设置这个形状的数据和碰撞类型。如果希望不同形状有不同的值，就可以这里设置，因为以后再想得到这个形状会很困难。

```
  cpSpaceAddShape(space, shape);
  return body;
}
```

最后，返回体之前将形状增加到空间中。

```
// 碰撞类型
enum {
  kColl_Ball,
  kColl_Goal,
  kColl_Horizontal,
  kColl_Player
};

// 片段……


- (void)setupCollisionHandlers
{
  cpSpaceAddCollisionPairFunc(space, kColl_Ball, kColl_Goal,
    &holeInOne, ball);
  cpSpaceAddCollisionPairFunc(space, kColl_Ball, kColl_Horizontal,
    &restart, ball);
}
```

建立碰撞处理程序只需调用 cpSpaceAddCollisionPairFunc 并提供空间、两个碰撞类型、碰撞时调用的函数的指针，以及要传入回调的一些数据（尽管这里并不打算使用这些数据，但必须发送）。

```
void resetPosition(cpBody *ball) {
  cpBodyResetForces(ball);
  ball -> v = cpvzero;
  ball -> f = cpvzero;
  ball -> t = 0;
  ball -> p = startPoint;
  AudioServicesPlaySystemSound(kSystemSoundID_Vibrate);
}

static int holeInOne(cpShape *a, cpShape *b, cpContact *contacts,
  int numContacts, cpFloat normal_coef, void *data) {
  GameLayer *gameLayer = (GameLayer *) mainLayer;
  [gameLayer holeInOne];
  return 0;
}

static int restart(cpShape *a, cpShape *b, cpContact *contacts,
  int numContacts, cpFloat normal_coef, void *data) {
  cpBody *ball = (cpBody*) data;
  resetPosition(ball);
  return 0;
}
```

回调函数本身很简单，一击入洞将消息转发给 GameLayer，此时会在主图层显示一个sprite，而且电话会快速振动来指示胜利。

```
- (void)setupPhysicalProperties
{
  cpBodySetMass(ball, 25);
  cpBodySetMass(obstacle1, INFINITY);
  cpBodySetMass(obstacle2, INFINITY);
  cpBodySetMass(obstacle3, INFINITY);
  cpBodySetMass(player, 2000);
}
```

玩家的质量设置为远远大于球的质量，从而在击球时可以得到一个合适的速度。另外，将障碍物设置为 INFINITY，这样一来，可以保证碰撞时这些障碍物不会移动（毕竟它们要固定在地面上）。

```
- (void)setupMouseHandler
{
  playerMouse = cpMouseNew(space);
  playerMouse->body->p = player->p;
  playerMouse->grabbedBody = player;

  // 创建两个关节点，使体不会
  // 绕手指触点旋转
  playerMouse->joint1 = cpPivotJointNew(playerMouse->body,
    playerMouse->grabbedBody,
    cpv(playerMouse->body->p.x - 1.0f,
    playerMouse->body->p.y));
  cpSpaceAddJoint(playerMouse->space, playerMouse->joint1);

  playerMouse->joint2 = cpPivotJointNew(playerMouse->body,
    playerMouse->grabbedBody,
    cpv(playerMouse->body->p.x + 1.0f,
    playerMouse->body->p.y));
  cpSpaceAddJoint(playerMouse->space, playerMouse->joint2);
}
```

接下来，设置鼠标处理程序。利用这些程序，可以将球棒处理为一个可拖动的光标，而在与其他对象交互时仍保持其物理特性。我们为它提供了两个**关节点**（这些点用做鼠标中的旋转轴），因为希望把它定位在手指前面，并避免它在移动时绕着触摸点旋转。

```
- (void)touchesMoved:(NSSet*)touches withEvent:(UIEvent*)event{
  CGPoint playerTouchLocation = CGPointMake(-300, 240);

  for (UITouch *myTouch in touches) {
    CGPoint location = [myTouch locationInView: [myTouch view]];
```

```
    location = [[Director sharedDirector] convertCoordinate: location];
    // 将手指位置设置为最低的触点
    playerTouchLocation.x = location.x;
    playerTouchLocation.y = location.y;
  }

  // 置于游戏坐标中……
  CGPoint location = playerTouchLocation;
  cpFloat padding = finger_padding * ((120 - location.y) / 100);
  location.y -= padding;
  location.y += fat_fingers_offset;
```

在触控事件处理程序中，获取集合中的最后一次触控（在这里只有这一次触控），并根据用户手指在场地上的距离对手指做出补偿。这样一来，用户可以看到球棒，而且仍能将球棒带回到球场开始位置。

```
  // 位置限制在半场
  if (location.y > 230) location.y = 230;
  if (location.y < 0) location.y = 0;
```

将位置限制在半场以内，使用户无法造假。

```
  cpVect playerposition = cpv(location.x, location.y);
  cpMouseMove(playerMouse, playerposition);
}
```

最后，创建一个向量，并把鼠标移至该位置。

```
- (void)touchesBegan:(NSSet *)touches withEvent:(UIEvent *)event {
  [self touchesMoved:touches withEvent:event];
}
```

touchesBegan: withEvent:处理程序等同于touchesMoved: withEvent:，不过取决于拖动开始时希望触发的事件又会有所不同。

最后，安排以下两个回调：

```
static void eachShape(void *ptr, void* unused) {
  cpShape *shape = (cpShape*) ptr;
  Sprite *sprite = shape->data;
  if (sprite) {
    cpBody *body = shape->body;
    [sprite setPosition: cpv(body->p.x, body->p.y)];
  }
```

```
}

// 片段……

- (void)step: (ccTime) delta {
  int steps = 1;
  cpFloat dt = delta/(cpFloat)steps;

  for (int i=0; i<steps; i++) {
    cpSpaceStep(space, dt);
  }

  cpSpaceHashEach(space->activeShapes, &eachShape, nil);
  cpSpaceHashEach(space->staticShapes, &eachShape, nil);

}
```

第一个回调是 C 函数 eachShape，可以让动画引擎运行。它启动一个定时器，该定时器按固定间隔在层上调用 step:。在 step: 函数中，基于时间差调用 cpSpaceStep 来实现层物理特性的递增。通过为活动和静止的形状发送 cpSpaceHashEach 并传入一个定位 sprite 的函数来单步推进显示。

```
- (void) ballOutOfRangeCheck: (ccTime) delta {
  if (ball -> p.x > 320 || ball -> p.x < -80 ||
     kball -> p.y > 550 || ball -> p.y < -80) {
        resetPosition(ball);
    }
}
```

函数 ballOutOfRangeCheck: 查看推球的速度是否过快，以至于会越过围墙。如果是这样，则将这种情况与球飞出球桌的情况做同样处理，重置用户的位置以便重试。

```
- (void)holeInOne
{
  AudioServicesPlaySystemSound(kSystemSoundID_Vibrate);
  holeInOneBG = [Sprite spriteFromFile:@"holeinone.png"];
  [holeInOneBG setPosition:cpv(160,240)];
  [self add:holeInOneBG z:10];
  [self performSelector:@selector(resetGame:) withObject:nil
    afterDelay:2.0];
}

- (void)resetGame:(id)object
{
  [self remove:holeInOneBG];
  resetPosition(ball);
```

```
}
```

最后是函数 holeInOne，用户得分时会调用这个函数。振动则利用 kSystemSoundID_Vibrate 常量通过 AudioServicesPlaySystemSound 完成。最后，这个函数设置一个定时器，在 2 s 后删除消息并重置游戏。

5.4 小结

你现在已经储备了足够的知识，可以开始做各种尝试了。

Chipmunk 和 cocos2d 的功能相当强大，这里只是刚刚涉及一点皮毛。你可以创建骨架和关节系统，它们能够像 LEGO 积木一样组合在一起，模拟从简单的自行车甚至到人等各种对象。然后，可以把你的对象放入一个空间，为这个空间定义目标和约束使游戏更有挑战性。如果你希望游戏更有难度，还可以尝试加入重力，甚至使用一个加速计来改变场景的重力。当然，不论在代码中做出怎样的决策，都要先问问自己这样做是否能增加游戏的可玩性。

Neil Mix

所在公司： Pandora Media 公司

位置： 美国威斯康星州阿普尔顿

开发经历： 使用过多种语言构建互联网应用，包括 JavaScript、Objective-C、C、Java、Perl、C++ 和 SQL。担任用户交互设计师和软件架构师，超级热衷于编程语言理论。

iPhone 开发经历： 使用 Xcode 构建 Pandora Radio 音乐应用。

本章内容： 研究面向 iPhone 的基本音频开发，包括 Core Audio 介绍、音频流和网络、音频应用的体系结构，以及面向移动环境的高级流式技术。

关键技术：

- Core Audio
- `NSURLConnection`
- `AudioFileStream`
- `AudioQueue`

P
PANDORA®

第6章

流式音频与Pandora Radio之路

本章将循序渐进地带你了解使用Pandora Radio由iPhone下载和播放音频的全过程，Pandora Radio是2008年最热门的iPhone应用。读完本章后，你将对Apple的音频API架构（即Core Audio）有所了解，并知道如何将通过HTTP发送的字节转换为可播放的音频，还将了解移动环境中传送音频内容所遇到的特殊挑战。

6.1 选择iPhone开发

Pandora是一个流行的互联网广播音乐服务，从1995年开始就已经可以在Web上公开访问。不过，Pandora的核心目标之一是不论收听者身处何地，甚至即使他们身旁没有计算机，也能为他们送去音乐。所以毫不奇怪，1996年Pandora进一步扩展其服务并纳入了移动电话。遗憾的是，早期的Pandora移动实现并没有像面向Web的Pandora那样很快得到普及。不过，随着iPhone的到来，再加上面向iPhone的公共SDK也已经实现，作为Pandora开发人员，我们急切地渴望有机会为这个绝妙的新设备发布我们的服务。

Pandora和iPhone相互之间可以构成一个完美组合。iPhone诞生之前，在美国很多人并不把移动电话当作一种娱乐设备。不过，iPhone的出现使这种状况有所改变，它为移动娱乐领域提供了很多新的机会，如今不论用户在哪里都可以利用 iPhone 来娱乐。iPhone 强调用户体验（这也是 Pandora 的另一个核心价值），这意味着我们可以通过一个绝妙的 UI（User Interface，用户界面）提供服务。

一直以来，我主要从事网络应用的开发，大多数情况下使用脚本语言，只是偶尔应用静态类型编译语言。那么，如何跨越到 C 和 Objective-C 来完成 iPhone 开发呢？那就是全心投入。

构建 Pandora 的 iPhone 应用之前，我对 C 只是稍有了解（我想没有人不知道 C 吧！），而对 Objective-C 或 Cocoa 一无所知。我必须边用边学，迅速完成这个应用以便在 App Store 启动之前及时发布。这让我想起原先参加双人跳伞的经历：尽管我们在地面上学习了跳伞的基本原理，但是对于如何降落则是在空中背着降落伞飘落时领悟的！降落伞着陆技术可以在跳伞过程中掌握，与此类似，我的很多 iPhone 音频知识也是在具体构建应用的过程中获得的。

我经常听到一些程序员表达这样一种错误的看法，认为在 iPhone 编程方面所有人都比他们懂得更多。但事实是，我们都是在实际编程过程中不断学习的。尽管我开发过一个顶尖的 iPhone 应用，但我仍在学习中，希望能够为 iPhone 平台开发出更好的应用。在这方面并没有万能钥匙，也没有独家秘籍。唯一的真谛就是艰苦而努力地工作。

6.2 Pandora Radio 技术介绍

Pandora Radio 因其绝妙的 UI 而知名，不过仅仅靠完美的 UI 并不足以让应用出类拔萃。移动环境对提供互联网音频带来了极大的挑战。因此，Pandora Radio 应用真正的精华之处在于它能够为你的电话传送无缝的、高质量的音频，而不论你在哪里，也不论采用何种类型的连接 (甚至在 EDGE 之类的蜂窝网上)。

不过，为了提供非凡的音频体验，首先必须知道需要哪些工具。另外，编程中最好遵循一些良好习惯。

6.2.1 掌握音频开发基本知识

编写播放音频的软件很困难，而且离硬件层越近，难度就越大。Apple 的 Core Audio API 做了很多工作来抽象硬件的特定细节，但是它离硬件层很近，这使得面向这个 API 编写代码相当有难度。另外，调试中断的音频也很困难：如何对无声的情况进行调试？单靠音频输出本身难以判断到底哪里出了问题。

因为 Core Audio 本身就是一个挑战，其调试也很困难，所以在实现更高级的功能之前，可以先以最简单的方式播放音频（可以是任何音频），这很有帮助。这样一来，如果以后做出某些改变以至于破坏音频，总能有一个能正常工作的示例，你可以恢复到这个“起点”，它可以帮助你弄清哪里存在问题。

另外还有一点非常重要，一定要检查音频 API 调用的返回码。即使不做具体的错误处理，至少也应该将所有错误记入日志。对莫名其妙的音频问题进行调试时，这些日志项将有很大帮助。

提示

以一个可以实际工作的简单实现为起点，要检查所有错误码。

本章的示例应用会展示这些原则：首先将创建可以实际工作的最简单的实现，并在本章的最后讨论如何改进它。

另外，你在浏览源代码时会发现，这里仔细地检查了每一个 Core Audio API 调用的状态码，形式如下：

```
if (VERIFY_STATUS(status)) { ...
```

也许我们并不总是检查 `VERIFY_STATUS` 的返回值，不过使用 Core Audio API 时几乎都会调用 `VERIFY_STATUS`。为了了解它有什么作用，下面来跟踪 `VERIFY_STATUS` 的定义：

```
#define VERIFY_STATUS(status) \
        AudioPlayerVerifyStatus(status, __FILE__, __LINE__)
```

注意 `__FILE__` 和 `__LINE__` 宏。利用这两个宏，我们可以得到文件名和调用宏的代码行号，这在调试时很有用。接下来，进一步跟踪 `AudioPlayerVerifyStatus` 定义：

```
BOOL AudioPlayerVerifyStatus(OSStatus status, char *file, int line) {
  if (status == noErr) {
    // 将成功信息记入日志有些多余，不过对调试很有用
    // 默认地会把它关闭，不过如果遇到问题
    // 可以把它的注释去掉，跟踪执行路径
    //NSLog(@"success at %s:%i", file, line);
  } else {
    char *s = (char *)&status;
    NSLog(@"error number: %i error code: %c%c%c%c at %s:%i",
          status, s[3], s[2], s[1], s[0], file, line);
  }
  return status == noErr;
}
```

可以看到，只要出现错误，我们就会记录错误码及其位置。在构建和调试应用期间，如果遇到音频方面的问题，即使你对错误情况不做显式处理，日志也会直接提示哪方面出了问题，并指出问题出在 Core Audio 调用的什么地方。这项技术可以大大节省开发时间。

6.2.2 管理复杂性

随着应用规模的扩大，以及不断地为应用增加特性和修正 bug，音频代码会很快变得相当复杂。复杂性是不可避免的，而且只会随时间增长，所以在增加特性时一定要为重构和代码简化留出时间。真正遇到问题之前先不要担心性能。iPhone 非常健壮，你可能永远也不会遇到预想的性能问题。

例如，应用通常会在一个单独的音频线程中执行音频函数，以保证应用的健壮性和响应性。但是对于 Pandora Radio 应用，我们没有使用多线程，而且发现这对于应用的性能影响极小，可以忽略不计。由于不必处理多线程复杂性，由此得到的简化可以大大节省时间，我们能够更快地增加新的优秀特性(否则这是做不到的)。当然，最终可能必须把音频放在一个单独的线程中，不过目前来讲，保证代码简单的好处更多。(有一点要记住，因为 iPhone 只有一个单核 ARM 处理器，所以多线程带来的好处不像在台式电脑环境那样突出)。

提示

> 保证代码的简单性，避免不必要的优化。

6.2.3 示例应用概要介绍

本章要构建的应用是一个简单的音乐播放器。其 UI 包括一个文本域（用来设置一个音频文件的 URL）和一些按钮（用来播放或暂停音频）。因为本章强调的是音频，所以我们不打算对 UI 花太多时间讨论，因而可以把重点放在音频代码上。

Apple 的音频 API 称为 Core Audio，包括一个组件工具箱，这些组件可以将音频文件切分为小片，并将它们流式传输到音频硬件。Core Audio 不包括网络，设计代码时要牢记这一点，这很重要。尽管我们要播放通过网络传送的音频，但音频传输与音频播放是完全不同的任务。如果能够在代码中将这些任务清晰地分离，就能更轻松地完成重构和增加特性。

6.2.4 流式音频

通过互联网向一个设备传送音频时，可以采用两种传输模型：流式传输和下载。

对于流式音频，音频服务器会按音频的比特率通过网络传送字节。例如，如果音频编码为 64 kbit/s，可以预见，流式传输时就会采用这个速率（64 kbit/s）。有一个连续、不间断的音乐流时通常会使用流式音频。

如果音频传输采用下载模型，音乐将被划分为离散的数据块（例如，一次传送一首歌），客户会尽可能快地下载一个数据块并播放，而且只在第一个数据块快要完成下载时才开始下载下一个数据块。

各种模型都有其优缺点。流式传输需要的客户端内存开销更少（数据一旦传输就会有消耗），而且客户实现的复杂性也更低（这要以服务器端更高的复杂性为代价）。不过从某种程度讲，流式传输也更容易由于网络延迟和丢包而破坏音频。另一方面，下载的音频内存开销更大（因为音频段可能相当大），而且客户端复杂性也更大。但是下载的音频对网络破坏更有免疫力，因为网络带宽可以得到充分利用而不是局限于一个固定的量。

究竟选择流式传输还是下载，对此并没有孰对孰错，不同的服务要使用不同的模型。Pandora 使用的是一种下载模型，我们的示例应用也将使用这个模型。采用下载模型时，服务器更为简单，音频也不那么容易中断。也许对你来说，还会有其他好处。

我们的应用将通过一个简单的 HTTP 连接请求文件下载音频。为了在 iPhone 上做到这一点，可以使用 `NSURLConnection`, 这是一个 Objective-C API，或者使用与之对应的标准 C API `CFURLRequest`。Core Audio 文档提供了使用 CFURL 的示例，CFURL 是一个更基本的 API，与 `NSURLConnection` 相比可以提供更多配置功能。不过，我们仍然选择在 Pandora Radio 中使用 `NSURLConnection`，因为它比 `CFURLRequest` 更易于使用，而且提供了实现我们所需的丰富功能，所以我们在示例应用中将使用 `NSURLConnection`。

在网络上接收到字节后，需要将其传递到 Core Audio 来完成播放。图 6-1 显示了这个过程：首先，从网络接收字节；然后，使用 `AudioFileStream` 将字节解析为音频数据包。通过 `AudioQueue` 分配缓冲区来保存数据包，然后（再次）使用 `AudioQueue` 将缓冲区发送到音频硬件。尽管“解析”和“硬件”听上去有些吓人，好像很复杂，但实际上这个过程中的大多数困难细节已经被 Core Audio API 所隐藏。

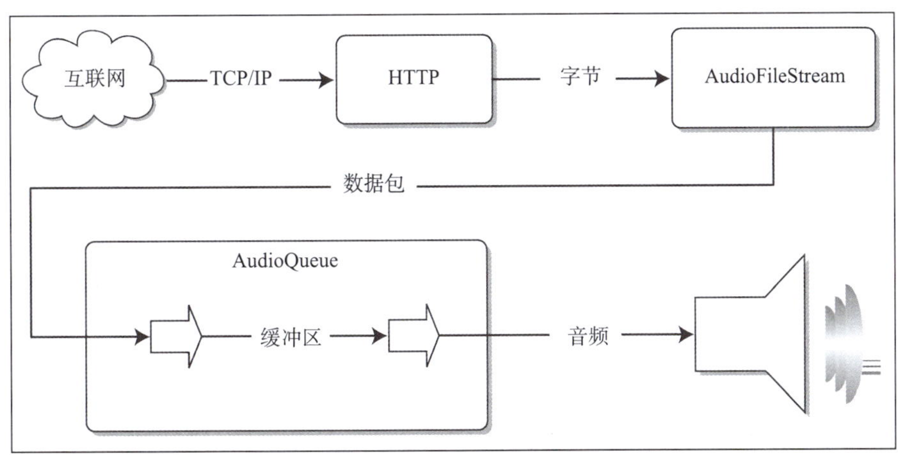

图 6-1 将互联网音频数据传输到 iPhone 上的输出硬件

6.2.5 保证代码与格式无关

设计 Core Audio 是希望实现音频处理中文件格式和音频编解码模式的完全无关性。换句话说，对所支持的任何音频类型，应当能够使用相同的代码。

为了达到这个目标，Core Audio 对所有音频类型应用了某种泛化处理。所有音频文件都被作为一系列包装在一个信封中的音频数据包数据来处理。数据包数据的编码格式不同于信封格式，因而可以在某种程度上混合使用。

其工作原理如下：`AudioFileStream` 读取足够的数据来确定文件的类型及其整体结构。一旦确定，它会为你提供一个 `AudioStreamBasicDescription struct`，你要把这个 `struct` 传递到自己的 `AudioQueue`，使它知道将对何种类型的数据解码。由此，`AudioFileStream` 会生成音频数据的数据包。然后，你再使用 `AudioQueue` 分配缓冲区，在数据包排队并等待传送到音频硬件时就会存储在这些缓冲区中。

6.2.6 使用信封和编码

如前所述，对于所有支持的音频类型，解析和排队过程都是一样的。例如，你可能很熟悉 AAC（Advance Audio Coding，高级音频编码）音频文件。但你可能不知道，AAC 是一种对音频数据进行编码的方法，有很多信封格式都可以传送 AAC 编码音频。一种公认的格式是 MPEG-4 Part 14（即我们所说的 MP4，又名 M4A），这是 iTunes 使用的默认格式。这里，M4A 是信封格式，而 AAC 是编码格式。

实际上，M4A 并不是流式传输音频的最佳格式。它在前面包含了定义文件结构的大量数据，所以增加了收听到第一段音乐的延迟，也因此很难在一个 M4A 文件中间启动播放。传送音频更好的信封格式是 ADTS（Audio Data Transport Stream，音频数据传输流），这种格式将结构数据贯穿在整个文件中而不是放在最前面。因此，ADTS 播放音频时的前置数据更少，而且更容易支持在文件中间开始播放音频（Pandora Radio 就利用了这个特性并获得了非凡效果）。

利用 Core Audio API，你不必了解这些细节。但是，如果希望向 iPhone 传送音频，了解这些知识却很重要。哪种格式可以得到最小的文件？有哪些许可限制？怎样的编码率可以在音频质量和文件大小之间达到最佳平衡？

6.3 设计示例应用

既然已经对构建应用所使用的技术有了基本的了解，下面来考虑如何实现这个应用。第一步，了解将创建哪些模块及其相互之间的集成方式。

要创建一个使用音频的应用，通常需要在 Xcode 中创建一个工程：从 Xcode 菜单选择 File → New Project，要保证选中 iPhone OS 下面的 Application 项。接下来，选择所要创建的应用的类型（在这里是基于视图的应用，即 View-Based Application），并选择 Choose。

一旦创建了工程，就要增加 AudioToolbox 框架：按下 ctrl 键的同时，点击左侧 Groups & Files 边栏中的 Frameworks 并选择 Add → Existing Frameworks，如图 6-2 所示。

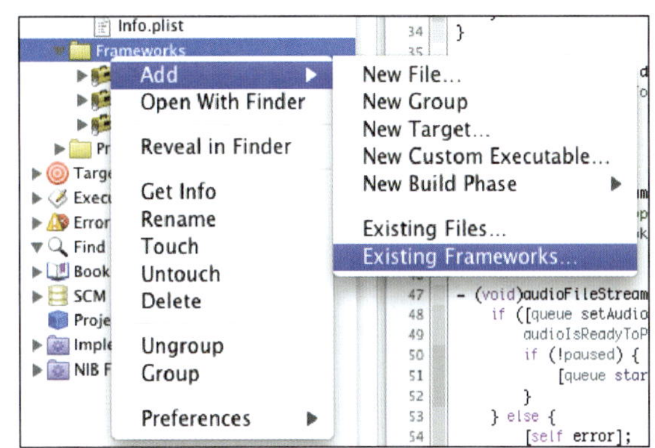

图 6-2 向 Xcode 工程增加框架

与平常一样，选择 AudioToolbox 框架时，要确保从正确的 SDK 目录路径选择。对于这个示例应用，这个框架位于 /Developer/Platforms/iPhoneOS.platform/Developer/SDKs/iPhoneOS2.0.sdk/System/Library/Frameworks/AudioToolbox.framework。

通过选择 iPhoneOS2.0.sdk 可以使应用得到最广泛的兼容性，相应地也能够在最大范围的设备上安装。如果使用了更新版本的 iPhone 操作系统中才有的特性，那么应当从相应的 SDK 选择框架。

完整的 Xcode 示例工程如图 6-3 所示。

我们将创建 4 个 Objective-C 类来整合应用的音频。

- `AudioRequest`：这个类负责初始化一个 `NSURLConnection` 来下载音频并向 `AudioFileStream` 传送原始字节。
- `AudioFileStream`：这是包装标准 C `AudioFileStream` 类的简单 Objective-C 包装器，这个类从网络接收原始数据并将其解析为音频数据包。
- `AudioQueue`：这是包装标准 C `AudioQueue` 类的一个简单 Objective-C 包装器，这个类从 `AudioFileStream` 接收音频数据包并将其转换到缓冲区，然后将缓冲区发送到音频硬件。
- `AudioPlayer`：可以将这个类看做命令类，它负责控制音频播放和报告播放状态。`AudioPlayer` 会协调原始音频数据的传输，即从 `AudioFileRequest` 传送到 `AudioFileStream` 数据包，然后传送到 `AudioQueue` 缓冲区，最后传送到音频硬件。

通过查看代码，我们可以更清楚地了解这个过程。另外，图 6-4 提供了一个全局视图，从中可以看出音频数据如何流经各个不同的类进行传输。

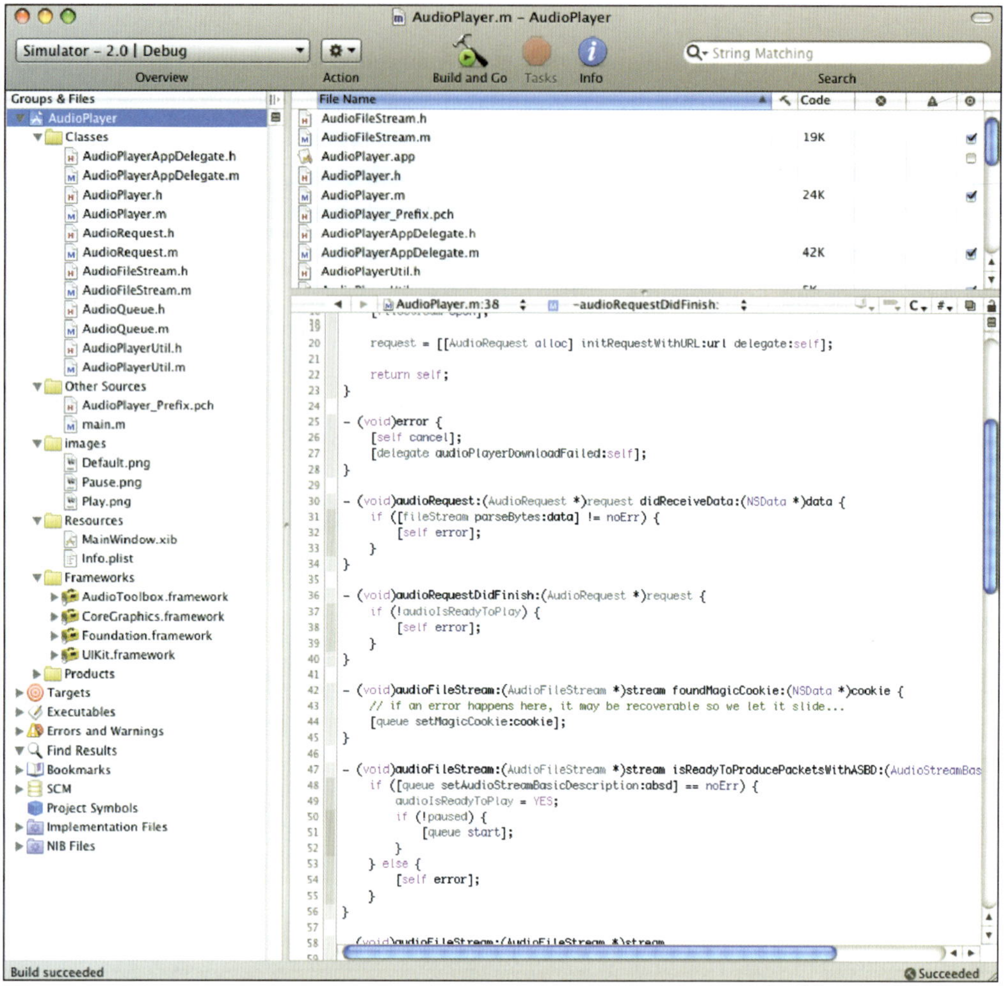

图 6-3 示例应用的 Xcode 工程

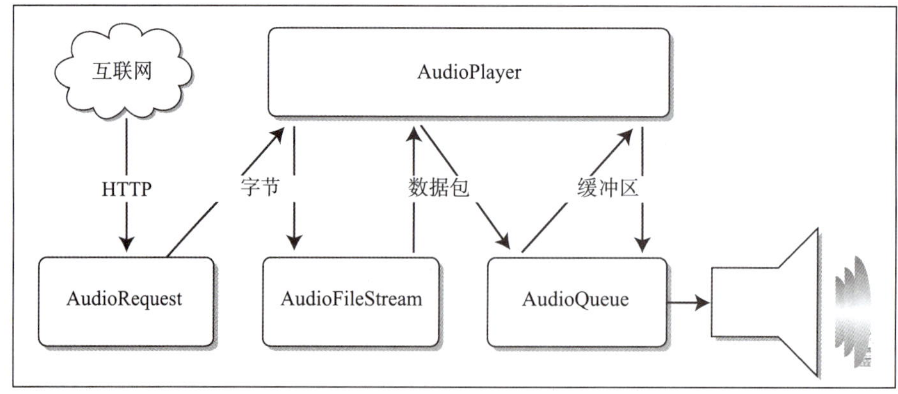

图 6-4 音频数据流经各个类

6.4 实现播放器

既然已经了解了应用中的各个组件，下面来看应用的实现。

实现应用时，要记住之前给出的提示。首先，我们要避免使用线程（前面已经提到，写这本书时，Pandora Radio 应用只使用单一线程执行应用代码）；其次，要对 Core Audio API 的所有错误进行处理。

另外，我们希望保证一般情况下应用都能在 iPhone 上很好地播放音频。这并不容易，对于音频应用，首先要从使用 AudioSession 开始。

6.4.1 AudioSession

AudioSession 管理应用的音频配置文件，并且帮助我们简洁地处理中断（如接到电话或短信）。如果打开 AudioPlayerAppDelegate.m 查看 applicationDidFinishLaunching: 方法，会看到与下面类似的代码：

```
AudioSessionInitialize (NULL, NULL, interruptionListener, self);
```

applicationDidFinishLaunching: 消息仅在应用启动时向 UIApplicationDelegate 发送一次，这里最适合完成应用的初始化（如 AudioSessionInitialize）。音频会话的这个声明是后续工作的第一步，它保证我们的应用能够利用电话上所有应用使用的音频子系统妥善地播放音频。

可以考虑一下：在 iPhone 上播放音频需要些什么。音频有多种不同传输途径，有通过麦克风或耳机收到的音频，还有通过耳机听筒、外部扬声器或耳机发出的音频。另外，应用播放的音频在任意时刻都有可能被中断。例如，打入一个电话或者收到一条短消息。除此以外，用户按下通过 iPod 应用播放音频的麦克风按钮时也会中断音频。而且，不同的应用会有不同的声音需求，对于某些应用（如 Pandora Radio），倘若电话锁定就让应用停顿是绝对不合适的。不仅如此，音量控制还要根据周围环境调整铃声以及媒体的音量。最重要的是，音频的硬件能力是有限的，通常不足以同时播放多个来源的音频。确实有很多需要管理的方面！

为了帮助管理所有这些情形，Core Audio 专家发明了 AudioSession 的概念，它会把音频的需求告诉操作系统，并让操作系统告诉我们音频需要些什么。AudioSessionInitialize 调用会建立一个会话并向操作系统注册一个回调方法，如果由于某个原因（如接到一个电话）而使应用的音频中断，此时就会执行这个回调方法。

你可能会问："C 有回调函数吗？" C 编程语言允许向函数传递函数做为参数（就像是 Objective-C 中传递选择器）。实际上，传递的并非一个函数，而是函数的地址，这种机制非常适合用C编写基于事件的API。可以编写一个C函数来完成音频中断处理（在这里，我们将它命名为 interruptionListener 并在文件的最后定义它）并将该函数的指针传递到 AudioSessionInitialize。出现音频中断时，就会像所有正常C函数一样回调你的函数。

完成音频会话的初始化之后，你会看到以下代码行：

```
UInt32 sessionCategory = kAudioSessionCategory_MediaPlayback;
AudioSessionSetProperty (
    kAudioSessionProperty_AudioCategory,
    sizeof (sessionCategory),
    &sessionCategory);
```

这里将会话声明为一个“媒体播放”应用。为什么这很重要？首先，这个声明会改变音量控制的行为，从而使之只应用到媒体音量，而不是铃声音量。其次，它会改变设备锁定时的行为。通常情况下，设备锁定一段时间后会进入一种休眠模式。这个休眠会导致应用中止：其运行循环将被挂起，而且不会处理任何事件。如果在类似 Pandora Radio 的一个媒体播放应用中发生这种情况，音频播放就会中止。通过将会话声明为 MediaPlayback，操作系统就会知道设备锁定时仍要保持应用运行，这样一来我们就可以无限期地继续播放音乐了。

可以看到，正确地声明音频会话有很多好处。不过，还有一点很重要，要认识到音频会话最初不是活动的，必须显式地激活才能达到所期望的效果。最佳实践是仅在播放音频时才激活音频会话，从而使设备锁定时可以休眠。这有助于延长电池寿命。如果找到 AudioPlayer 的 load: 方法，你会看到我们是通过调用 AudioSessionSetActive(YES) 来激活音频会话的。在 audioPlayerPlaybackFinished: 中完成音频播放时，则通过调用 AudioSessionSetActive(NO) 取消激活，使电话可以休眠。

如果播放音频时接到一个电话，将执行 interruptionListener 函数。要妥善地处理中断，这一点非常重要。如果未能做到，那么有可能破坏你的应用甚至电话。所以，请务必处理中断，并在应用播放音频时打入电话，以此来测试你的应用。中断处理很困难，而且很容易出现 bug。这往往是应用中 bug 最多而测试最少的一部分，这也是与移动设备妥善集成需要注意的关键特性。

6.4.2 AudioRequest

AudioRequest 类包装了 NSURLConnection 的行为，并将其委托实现简化为以下两个消息：

```
- (void)audioRequest:(AudioRequest *)request didReceiveData:(NSData *)data;
- (void)audioRequestDidFinish:(AudioRequest *)request;
```

第一个消息允许你在接收到数据时做出响应，这个数据最终将传递到 AudioFileStream。利用第二个消息可以在连接完成时进行清理。

不过，你可能会惊讶地发现这里缺少一些东西。错误处理呢？我们肯定不能假设所有连接都会成功！

当然，我们并没有这样假设，连接错误确实会得到处理，只不过放在代码的另一个位置。网络错误并不是播放音频时可能发生的唯一错误类型，这说明 AudioRequest 并非完成错误处理的最佳位置。例如，下载的文件可能包含你的设备无法处理的音频格式，或者有可能根本不是一个音频文件。需要在 AudioRequest 下游处理这种错误，既然如此，就不必那么复杂了，连接错误和文件格式错误都可以采用同样的方式处理，即在 AudioRequest 下游处理。查看图 6-4，很容易看到 AudioPlayer 类非常适合检测并传递这种错误到一个更高层委托。（不过，AudioRequest 仍然应当将所有网络错误记入日志以帮助调试！在下游处理错误并非将其忽略。）

“但是，如果下载到一半时连接失败会怎么样呢？”你可能会这样说：“这可不同于文件格式错误。”

问题的实质是，如果音频已经开始播放，而下载到一半时连接失败，你会怎样做？理想情况下，你会尝试修复连接，但是这个特性稍有些复杂（我们将在 6.5.2 节讨论有关内容）。对现在来说，我们只是将错误记入日志（用于调试）并妥善地结束歌曲的播放。最终，听者自然会知道发生了意外情况，所以没有必要发出费解的错误消息困扰他们。要记住，听者很可能把电话放在口袋里，而此时屏幕可能是锁定的。所以很可能问题发生很久听者才会看到错误消息，这只会让人困惑。

AudioRequest 的实现相当简单。应用接收到字节时它会将字节转发到委托。连接完成或出现错误时，它会通知委托已经完成。

这里的难点是处理来自 NSURLConnection 的 connection:didReceiveResponse: 消息，对于 HTTP 成功和失败响应都会调用这个消息。你可能认为 connection:didFailWithError: 会通知 HTTP 错误响应，但并非如此。NSURLConnection 适用于任意类型的协议，而不只是 HTTP。所以，connection:didFailWithError: 会指示连接失败，而不是协议失败。

例如，一个 TCP/IP 网络错误可能导致在任意时刻调用 connection:didFailWithError:，它可能在连接建立之前被调用（在这种情况下，永远不会建立连接），也可能在音频下载到一半时被调用。与之不同，connection:didReceiveResponse: 会在连接建立之后而且在所有数据传输之前被调用。出现诸如 404（文件未找到）等 HTTP 错误时，连接会正常建立，因此并不会调用 connection:didFailWithError:。相反，此时却会调用 connection:didReceiveResponse:，并有一个 NSHTTPURLResponse 对象指示这个错误。

幸运的是，处理 HTTP 协议错误相当容易（特别是给定以下错误处理方法时）：

```
- (void)connection:(NSURLConnection *)connection
    didReceiveResponse:(NSURLResponse *)aResponse
{
    if ([aResponse isKindOfClass:[NSHTTPURLResponse class]]) {
        NSHTTPURLResponse *response = (NSHTTPURLResponse *)aResponse;
        if (response.statusCode >= 400) {
            NSLog(@"AudioRequest error status code: %i",
                  response.statusCode);
            [delegate audioRequestDidFinish:self];

            // 防止继续接收不是音频字节的数据
            // 否则可能会破坏音频子系统
            [self cancel];
        }
    }
}
```

6.4.3 AudioFileStream

Core Audio 是一个 C API，有充分的灵活性，可以在 Objective-C 和 C++ 工程中使用。不过，C API 的使用并不总是“最友好”的。由于 iPhone 应用编程要求使用 Objective-C，我们可以将 AudioFileStream 包装在一个 Objective-C 包装器中，使之更简洁、更易读，而且对于其他类来说更具模块性。谈到 AudioPlayer 类时，可以更明显地看到这样做的好处。

AudioFileStream 之所以有些难于处理，其中一个原因是它使用了函数指针和回调函数。例如，下面打开一个文件流：

```
AudioFileStreamOpen(self, propertyCallback, packetCallback, 0, &streamID);
```

第一个参数是 userData，它会从流传递到所有回调事件。接下来，可以看到 propertyCallback 和 packetCallback 参数，它们都是有特定签名的 C 函数的指针。userData(这里是 self 对象）将传递到这些回调，使回调可以维护上下文 (尽管回调本质上是异步的)。

这个 API 设计对于 C API 很合适，但是函数指针在 Objective-C API 中相当少见。Objective-C 的相应做法是提供一个委托：我们的 AudioFileStream 类会包装这些回调函数，并把它们转换为委托响应。例如，以下是 packetCallback 函数的定义：

```
void packetCallback(
    void *clientData,
    UInt32 byteCount,
    UInt32 packetCount,
    const void *inputData,
    AudioStreamPacketDescription *packetDescriptions)
{
    AudioFileStream *self = (AudioFileStream *)clientData;
    [self didProducePackets:packetDescriptions
        withPacketCount:packetCount
        fromData:inputData
        andByteCount:byteCount];
}
```

这个回调非常简单：它获取 self 对象（即打开文件流时传入的 userData）并通过一个消息把收到的参数转发至 self。这个消息再将数据传递到我们的委托：

```
- (void)didProducePackets:(AudioStreamPacketDescription *)desc
    withPacketCount:(UInt32)packetCount
    fromData:(const void *)inputData
    andByteCount:(UInt32)byteCount
{
    [delegate audioFileStream:self
        didProducePackets:[NSData dataWithBytes:inputData length:byteCount]
        withCount:packetCount
        andDescriptions:desc];
}
```

这是一个很简单的技术，不过对于接收这个委托消息的 AudioPlayer 类，这个技术可以大大增加其可读性。

之所以把 AudioFileStream 包装在一个 Objective-C 包装器中，还有另外一个原因，这样可以针对我们的特定目标缩减 API。AudioFileStream 还包含一些我们并不使用的功能，我们的包装器没有对外暴露这些函数，因此可以改善其可读性。例如，propertyCallback 函数会接收很多不同属性的相关通知，不过我们只关心其中的几个属性。将 AudioFileStream 包装在一个包装器中，可以简化开发者必须知道并响应的 API。

你可能还会注意到，AudioFileStream 中有一个奇怪的东西，即魔法 cookie（magic cookie）。**魔法 cookie** 是一个抽象概念，由 Core Audio API 引入，表示解码所需的特定于某种音频格式的数据。这是一个不透明的结构，你不需要了解其具体的细节。重要的是，要知道 AudioFileStream 可能生成一个魔法 cookie，如果确实生成了魔法 cookie，则需要将其传递到 AudioQueue 来支持正确的解码。

6.4.4 AudioQueue

与 AudioFileStream 很相似，AudioQueue C API 相当庞大，有时还很复杂。我们把它包装在一个 Objective-C 包装器中，将这个 API 精简为一个更可管理的以位计的小块。

关于 AudioQueue 类，如果不深入实现的细节，并没有太多需要讨论的内容。可以看到，其中包含一些公共方法来设置流描述和魔法 cookie（直接对应于 AudioFileStream 发送的委托事件），还包含一些用于开始和暂停队列的方法，以及完成缓冲区分配和排队的方法，还有一个达到数据末尾的通知方法。可以查看 AudioQueue.m 来了解使用 AudioQueue C API 的详细信息。

6.4.5 AudioPlayer

AudioPlayer 类相当于“领头羊”，它将 AudioRequest、AudioFileStream 和 AudioQueue 组织在一起。它负责完成很多协调工作，不过让人惊奇的是，归功于之前使用包装器类所做的简化，这个类相当简单。下面是代码的关键部分，展示了音频数据如何在应用组件之间流动（如之前的图 6-4 所示），这也是这个应用中播放互联网音频的关键所在：

```
- (void)audioRequest:(AudioRequest *)request didReceiveData:(NSData *)data {
    if ([fileStream parseBytes:data] != noErr) {
        [self error];
    }
}

- (void)audioFileStream:(AudioFileStream *)stream
    foundMagicCookie:(NSData *)cookie
{
    [queue setMagicCookie:cookie];
}

- (void)audioFileStream:(AudioFileStream *)stream
    isReadyToProducePacketsWithASBD:(AudioStreamBasicDescription *)absd
{
    if ([queue setAudioStreamBasicDesciption:absd] == noErr) {
        audioIsReadyToPlay = YES;
        if (!paused) {
            [queue start];
        }
    } else {
        [self error];
    }
}
```

```
- (void)audioFileStream:(AudioFileStream *)stream
    didProducePackets:(NSData *)packetData
    withCount:(UInt32)packetCount
    andDescriptions:(AudioStreamPacketDescription *)packetDescriptions
{
    AudioQueueBufferRef bufferRef;
    OSStatus status = [queue
        allocateBufferWithData:packetData
        packetCount:packetCount
        packetDescriptions:packetDescriptions
        outBufferRef:&bufferRef];
    if (status == noErr) {
        [queue enqueueBuffer:bufferRef];
    } else {
        [self error];
    }
}

- (void)audioQueuePlaybackIsStarting:(AudioQueue *)audioQueue {
    [delegate audioPlayerPlaybackStarted:self];
}

- (void)audioQueuePlaybackIsComplete:(AudioQueue *)audioQueue {
    [delegate audioPlayerPlaybackFinished:self];
}
```

这个流程很简单，与图 6-4 所示的过程完全对应：从网络接收到数据时，将数据传递到 AudioFileStream。AudioFileStream 发现一个流描述、魔法 cookie 和数据包数据时，将它们传递到 AudioQueue。AudioQueue 开始播放音频和完成播放时会通知我们的委托。

就这么简单！现在，音频数据就能从网络传递到 iPhone 硬件了。

6.5 新的征程

现在，你已经越过了第一个障碍，可以在 iPhone 上播放音频了。遗憾的是，在真正得到完美、健壮而且可靠的音频流之前，前方还有很多障碍在等着你。希望在我们完成的简化工作基础之上，你能够轻松而快速地克服这些障碍。下面来讨论你将面对哪些问题。

6.5.1 慢速网络中的滞后

AudioQueue 存在一个比较棘手的方面，它会拘泥于时间管理音频传送。这个细致的时钟管理可以支持复杂的音频同步任务，但是却给我们的工作增加了难度。即使没有要播放的音频，AudioQueue 的进度也仍会继续，所以如果一个音频数据包排队较晚，滞后于其本来的播放时间，AudioQueue 会跳过这个数据包，而去等待可以按时间进度正常播放的数据包。在一个慢速网络中（如 EDGE 蜂窝网），音频比特率可能接近于网络连接的最大容量。因此，常常会延迟音频数据包，需等待网络数据的情况。但是 AudioQueue 的时间同步行为意味着，如果在这种情况下滞后，网络的最大容量会阻止你弥补损失的时间，以至于你可能永远也追赶不上，这种情况如图 6-5 所示。这对于用户体验来说绝对是灾难性的，音频会停滞很长时间，一直寂静无声直至歌曲完成。

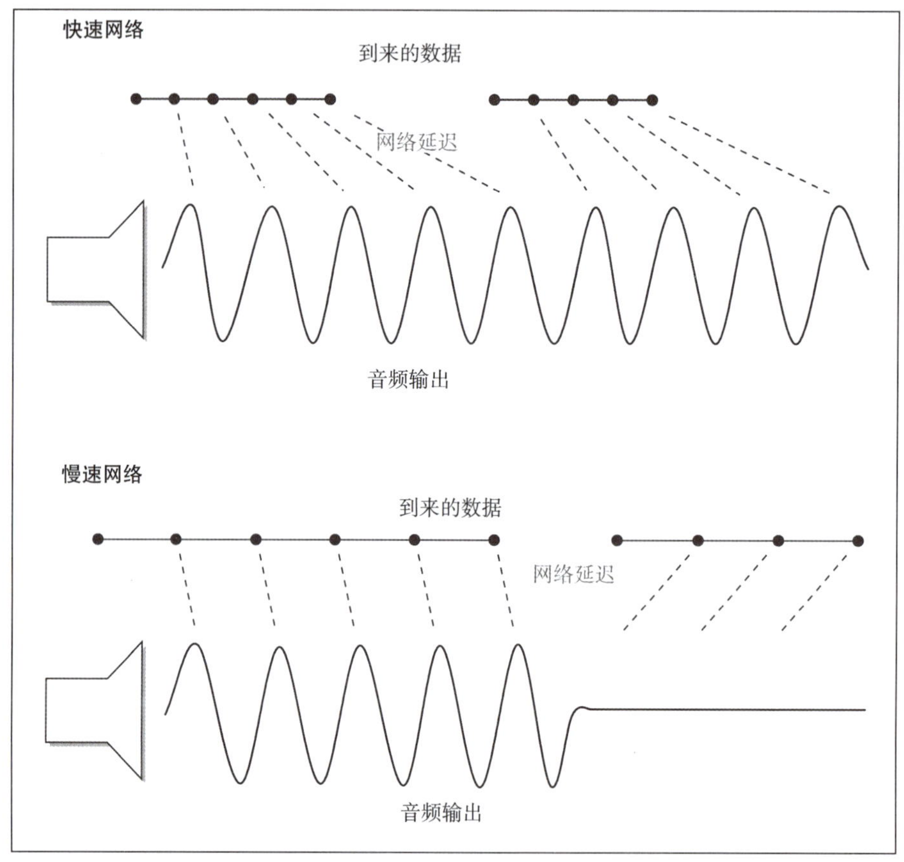

图 6-5 网络延迟导致较慢网络中长时间的静音

对于这个问题，解决方案是处理完从网络接收的数据时暂停 AudioQueue。这有点困难，因为数据用完时你并不会从 AudioQueue 得到通知。实际上，必须根据排队的数据包的大小以及所收到的 audioQueue:isDoneWithBuffer: 回调来推断。另外，还必须根据网络条件以及用户的动作来小心管理 AudioQueue 的暂停 / 播放状态。如果用户在网络中断期间暂停，那么当数据再次开始流动时你可能希望仍然保持暂停。

6.5.2 中断的连接

尽管 WIFI 连接可能很可靠，但是完全可以想见，蜂窝网络连接可能会经常断开或超时。出于这个原因，你可能希望实现某种形式的连接修复使中断的连接恢复。当然，你并不希望重新下载文件。所以，首先需要一个服务器，它需要能够支持传送文件的一部分字节。大多数现代网络服务器都已经使用 HTTP `Range` 首部支持这一点。

既然能够下载部分文件，剩下的只是简单的代码修改，可能只需要修改 `AudioRequest` 类（这正是代码清晰分离的好处之一）。由 `AudioRequest` 跟踪已经下载了多少字节，连接断开时，它可以发送一个新的 `NSURLConnection` 请求来获取连接断开时的偏移位置。图 6-6 展示了连接中断时如何将一个文件划分为多个请求。

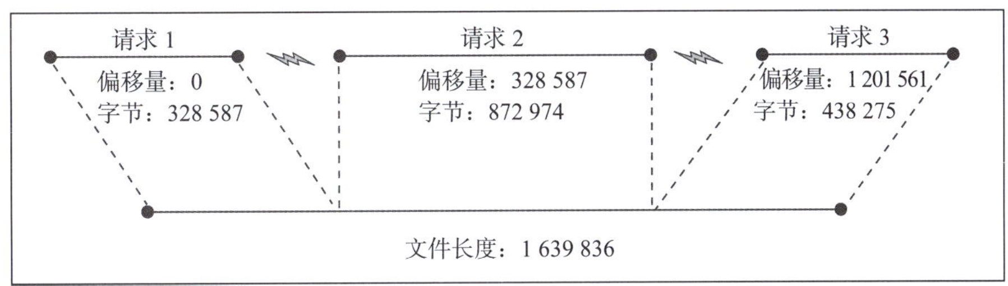

图 6-6 将一个文件划分为多个请求

现在只剩下一个问题，就是 `NSURLConnection` 超时时间的长度。这是一个棘手的问题：如果超时时间过长，断开的连接会导致音频播放中产生过长的间隙。如果超时时间过短，又可能存在风险：服务器负载过大时可能会让情况更糟糕。

对于 Pandora Radio，我们引入了一个可靠的服务器基础设施，从而可以使用很短的超时。我们的实验（不保证科学性）也说明，当蜂窝网连接显著延迟时，往往不太可能恢复。出于这些原因，我们的超时往往相当短。对你而言，情况可能有所不同。

6.5.3 尽量缩小歌曲间隙

要初始化一个新的网络连接并加载足以开始播放一首歌曲的数据，这可能需要花费一定时间，在蜂窝网上通常是 10 s 或者更久。收听播放列表中的一系列歌曲时，这会导致歌曲之间存在很大的间隙，这种用户体验往往不太让人满意。

为了解决这个问题，可以在当前歌曲接近结束时开始下载下一首歌的音频。不过，要当心不要让两个网络连接同时打开，否则每首歌只能得到一半的带宽容量。还要注意，对于处理器密集的音频编码（如 MP3 和 AAC），iPhone 只允许一次存在一个 `AudioQueue`。所以，提前加载下一首歌曲时，必须确保下一个 `AudioQueue` 在当前 `AudioQueue` 撤销之后才会创建。

6.5.4 恢复歌曲

因为 iPhone 是一个功能完备的全能型设备，而且不允许你的应用在后台运行，所以用户可能希望偶尔退出你的应用（如果可以简便地退出），这并不奇怪。也许是打入一个电话，也许是收到了一个重要的 e-mail。不论是什么原因，如果退出你的应用不影响用户听完一首好听的歌曲，这会让用户感觉很好。

出于这个原因，为了能够在 Pandora Radio 中支持恢复中断的歌曲，我们下了很大功夫。为实现这个特性，需要做到 3 点：了解至今为止已经播放了歌曲的多少字节，在应用终止时保存这个信息（可以使用 `NSUserDefaults`），并且在应用启动时通过开始一个部分下载从退出时的偏移位置恢复中断的歌曲。

如果歌曲已经中断很长时间，则没有必要恢复（可能不是一个好的想法）。如果你退出两天后才再次使用应用，可能不会记得之前在听什么歌。不过，如果你只是为了接听一个电话而退出应用，而且 10 分钟后返回到应用，能够恢复中断的歌曲则是一个很棒的特性。

6.5.5 改善应用响应性

既然已经提供了流和播放音频所需的所有处理，不可避免的，音频处理代码可能会影响应用中的 UI 响应性，这个问题并没有十全十美的解决方案。对于 Pandora Radio，我们尽量保证所有工作都在主运行循环中完成，以保持代码的简单性，这意味着为此我们要做一些工作以确保不会有哪一段音频处理时间太长而完全占据运行循环。另一个选择是在一个单独的线程中运行音频代码。选择哪种解决方案很大程度上依赖于个人喜好。

不论你的解决方案是什么，一定要记住 Jackson 优化原则中的第一条（“不要优化”）和第二条［“暂时不要优化”（只适用于专家）］。

6.6 查找帮助资源

要增加特性并让音频更健壮，在这个过程中你肯定会遇到一些问题，为解决这些问题，可以利用一些额外帮助，以下是就帮助资源给出的一些建议。

Core Audio 文档：如果你的应用很没意思或者不算成功，你肯定要更深入地研究 iPhone 的音频技术来解决问题。Core Audio 文档将是你的第一站。如何能够充分利用，这里能提供你需要的大多数信息。这个文档的地址是：http://developer.apple.com/iphone/library/documentation/MusicAudio/Conceptual/CoreAudioOverview/Introduction/Introduction.html。

Core Audio 邮件列表：Core Audio 组织维护了一个公开的邮件列表。很多音频程序员都订购了这个邮件列表，而且相当活跃。更重要的是，Apple 工程师也会阅读列表，并且会定期回复。这个邮件列表可以在 http://lists.apple.com/mailman/coreaudioapi 得到。如果你有问题，一定要先检查归档信息。尽管 Core Audio 新手在这里总会受到欢迎，不过由于已经积累了超过 8 年的归档信息，你的很多问题可能前人已经问过而且已经有了答案。

6.7 测试：最好的留到最后

目前为止，我们已经讨论了在 iPhone 上播放互联网音频的全过程，我希望这些内容使你有所收获，而且对你有所帮助。在结束之前，我将讨论为 iPhone 构建音频应用时最有意思的一部分，这就是测试。

你已经构建了应用，可能它的功能已经完备。现在做什么呢？对于很多应用来说，此时此刻可能会让你有些战栗，因为你会意识到现在要进行测试和调试了。不过，对于像 Pandora Radio 这样的一个音频应用，这种“战栗”反而会让人很愉悦。

不要误解我的意思。一旦开始使用应用，你肯定会遇到大量很难调试的问题。音频的调试很困难。不过，查找和修正 bug 意味着大量的测试，而测试说明你要花时间听很多美妙的音乐。

要进行测试，最好的方式是尽可能多地使用你的应用。不要畏首畏尾，要放手去使用！构建 Pandora Radio 时，我们在各种不同情形下使用过这个应用，包括行走、骑自行车、长途开车、坐电梯和坐地铁，等等。我们还尝试打入电话和发 SMS 消息，测试应用中断时的表现。我们还不断地寻找可能导致应用表现失常（如应用崩溃、无法从网络丢包恢复，甚至过长的音频延迟）的条件。如果希望效仿汽车广播，则需要一直打开，这说明需要妥善地处理所有这些困难的条件。

所以，*务必要测试你的应用*！这很有趣，而且能大大改善代码质量。可以尝试从以下音频 URL 开始测试：http://neilmix.com/book/etude.mp3 和 http://neilmix.com/book/concerto.mp3。

享受 bug 的捕猎之旅吧！

6.8 小结

现在，你已经有了为 iPhone 编写音频代码所需的全部基础：已经了解了音频如何在网络上传输，熟悉了 Core Audio 如何将音频数据转换为设备上的声音，并且了解了所要面对的诸多挑战。Pandora Radio 使用了本章讨论的所有技术，其中一些技术在我开始构建这个应用之前甚至都未曾想过。即使如此，离 Pandora Radio 的最终完美还有很大差距。我希望对自己的音频代码做进一步改进，而且更重要的是，我非常期待其他音频应用的革新。作为未来的 iPhone 音频开发人员，我希望你能理解这里介绍的内容，并能采用绝妙、新颖、有趣的方法做出扩展。

Steven Peterson

所在公司： Pixelcup

位置： 美国加利福尼亚州旧金山

开发经历： Yahoo YUI 用户界面库较早的开发人员之一，负责构建 YUI 首个开源版本中的多个 JavaScript 组件。另外作为网络应用开发人员，使用 PHP、J2EE，以及 .NET 开发了 MetLife、Tommy Hilfiger 和 IMVU。

iPhone 开发经历： Routesy 是 App Store 上 Navigation（导航）类中的标志性应用，也是在 App Store 启动当天最早发布的 500 个应用之一。Routesy 是使用 Xcode 的 beta 版并结合 iPhone SDK 预发布版本精心制作的。

本章内容： 本章讨论了如何从网络获取一个开放的 XML 数据提要，并将其转换到一个层次结构应用中，可供用户导航。这里还介绍了如何将该数据置于位置敏感的上下文中来帮助用户充分利用 iPhone 的地理定位功能。

关键技术：

- Core Location
- 访问网络服务
- 表视图和表视图控制器

第 7 章

利用Core Location、XML和SQLite成就Routesy之路

Routesy 应用可以让经常在旧金山乘车往返的人了解下一趟车何时到达，开始编写这个应用时，我绝对没有想到将来会成为一个家喻户晓的 iPhone 软件开发人员。苹果公司宣布 iPhone SDK 时，我已经把 iPhone 纳入我的日常生活，不再对同时携带一个 iPod 和一个单独的手机退避三舍。SDK 让我相信 iPhone 设备有着无限的潜能，因此下决心另辟蹊径，让我的 iPhone 发挥更大用处。尽管原先我未曾想到会通过 App Store 出售这样一个下载软件，不过此前很早我就一直在努力想办法，希望能够高效地利用手机查找最近的公车和到达时间。

构建 Routesy 时，我的主导原则非常简单，只是“构建一个每天都要用的东西”。尽管如今我确实有真正的客户，但我的第一个也是最重要的目标则是为我自己构建一个应用。如果你是一个刚刚涉足这个领域的 iPhone 开发人员，想要寻找一些与众不同的东西作为构建目标，我会向你推荐这种方法。先解决你自己遇到的某个问题，并且努力做好。很有可能别人也存在同样的问题，他们会发现你的应用非常有用。

本章，我们将从头开始构建一个交通应用，使用 iPhone 的网络和位置感知技术，给出在适当环境下的交通预报，使得用户能够找到最近的车站并明确下一趟列车何时到达。

7.1 从头开始

Routesy 是我在 Cocoa 开发方面的第一次尝试，所以有一个很陡的学习曲线。我必须学习采用一种并不熟悉的编程语言来编写代码，而且工具集也是完全陌生的。尽管我想轻描淡写地说："我花了前几周的时间用 iPhone SDK 为最终交付的应用建立了基础。"但事实并非如此。更准确地讲，当时总是调整几行代码后就疯狂地点击 Xcode 中的 Build 按钮，一心希望我的工程能够成功编译。

我花费了很多时间来尝试 SDK 和 Apple 提供的示例，在这个过程中需要攻克两个主要障碍。

Objective-C：乍一看，这种语言相当复杂，而事实远非如此。我遇到的难点主要是它与众不同的语法（它采用了一种基于括号的语法）。在其他基于 C 的语言中（如 Java），你可能习惯于使用一种点记法来调用一个方法，如 `myObject.doSomething()`。Objective-C 却是使用括号将调用对象和方法组合在一起：`[myObject doSomething];`。看到代码中有这么多的括号，确实要花一些时间才能习惯，不过从后期来看，在读很长的嵌套方法调用时，这种记法确实增加了代码的可读性。在构建 iPhone 应用之前你不必熟练掌握 Objective-C，完全可以边用边学，你会发现这很容易。

Interface Builder：对于在 Interface Builder 中将 outlet 和动作连接到应用中的对象，我原先认为这个概念很费解也很恐怖。我发现，要了解 Interface Builder，最有帮助的资源就是 Xcode 自带的工程模板。通过提供多个启动模板（可以使用这些模板作为你的工程的基础），实际上 Apple 已经为你提供了很多包含有 Interface Builder XIB 文件的示例应用，并且已经在代码中建立了连接。另外，对于理解如何使用 Interface Builder 将 UI 与代码有效地分离，SDK 中包含的 Apple 示例工程也是一个非常棒的资源。

7.2 确定应用需求

目前，Routesy 支持旧金山 MUNI 地铁和公交线路。在这个练习中，我们将构建 Routesy 的另一个版本，允许用户查看 BART(Bay Area Rapid Transit，海湾地区快速运输系统) 的实时预报，这是海湾地区另一个知名的公共交通提供商。下面，首先来确定这个应用的需求。

- 速度必须快：这是最重要的一点。BART 已经有一个移动网站，乘客可以从中查看列车到达的预报信息。那么，人们为什么还想要使用一个内置的 iPhone 应用呢？使用内置应用的最大优势就是速度。我们可以缓存静态数据（如车站列表），这样可以减少用户负担，不必在每次使用应用时都下载那些不必要的数据。

- 需要知道位置：应用应当充分利用 iPhone 的位置感知功能，使乘客可以很容易地找到最近的车站，并且能够让用户轻松地获得预报信息，而不必在长长的车站列表中上下滚动去逐一查找。
- 需要简单的导航：应用启动时应当显示车站的一个表视图，按车站远近排序（最近的车站在最前面）。用户轻击一个车站时，应用应当显示所选车站的实时预报列表（由 BART XML 提要获取，参见 http://www.bart.gov/dev/eta/bart_eta.xml）。

构建这个应用的第一步是创建包含车站列表的静态数据库。不过，首先应当检查 BART 提供的数据提要，从而更清楚地了解需要存储什么数据。

BART XML 提要位于 http://www.bart.gov/dev/eta/bart_eta.xml，包含多个 station 元素，每个元素分别包含相应车站的信息，以及一个列表用于指定终点站和估计的到达时间：

```
<station>
  <name>12th St. Oakland City Center</name>
  <abbr>12TH</abbr>
  <date>02/10/2009</date>
  <time>10:29:00 PM PST</time>
  <eta>
    <destination>Fremont</destination>
    <estimate>4 min, 17 min</estimate>
  </eta>
</station>
```

BART 提供的 XML 提要对于加载列车预报的估计到达时间很有用，不过其中并未包含经度和纬度数据，而根据用户当前位置对车站排序时却需要这些数据。我们可以在数据库中使用由 name 元素获取的车站名和从 abbr 元素获取的唯一标识符，不过同样需要每个车站的经度和纬度。

这些数据使用一个简单的屏幕抓取命令行应用来获取，这个应用从 BART 的网站加载每个 BART 车站的页面，并从页面上显示的地图图像中抽取坐标。对于这个练习来说，屏幕抓取应用已经超出了我们的讨论范围，不过示例工程中包含最终的数据库文件，其中已经包含了全部 43 个记录。另外，我还提供了这个屏幕抓取应用（RoutesyBARTDB.xcodeproj），以便你了解这个数据库是如何建立的。

提示

你可能会发现，可以使用 SQLite 管理应用来浏览数据库并测试 SQL 查询，这样更容易调试你的应用。开发 Routesy 时，我使用了 SQLite Database Manager（http://sqlitebrowser.sourceforge.net），这是一个开源的免费实用工具。

7.3 为 Routesy 创建 UI 和类

iPhone SDK 包含很多方便的模板，可以用来构建 iPhone 应用，而无需在每次创建工程时都进行大量繁琐的设置任务。在这个应用中，我们将建立两个屏幕，分别包含一个 `UITableView`。Apple 提供了一个名为 `UINavigationController` 的类，它允许建立一个视图栈以便按层次结构显示数据，而这与我们对这个应用的需求完全契合。让人高兴的是，SDK 为基于导航的应用提供了一个模板，我们的工程就以此为起点。

(1) 在 Xcode 中，选择 File → New Project 来创建一个新工程，并选择 Navigation-Based Application（基于导航的应用），如图 7-1 所示。

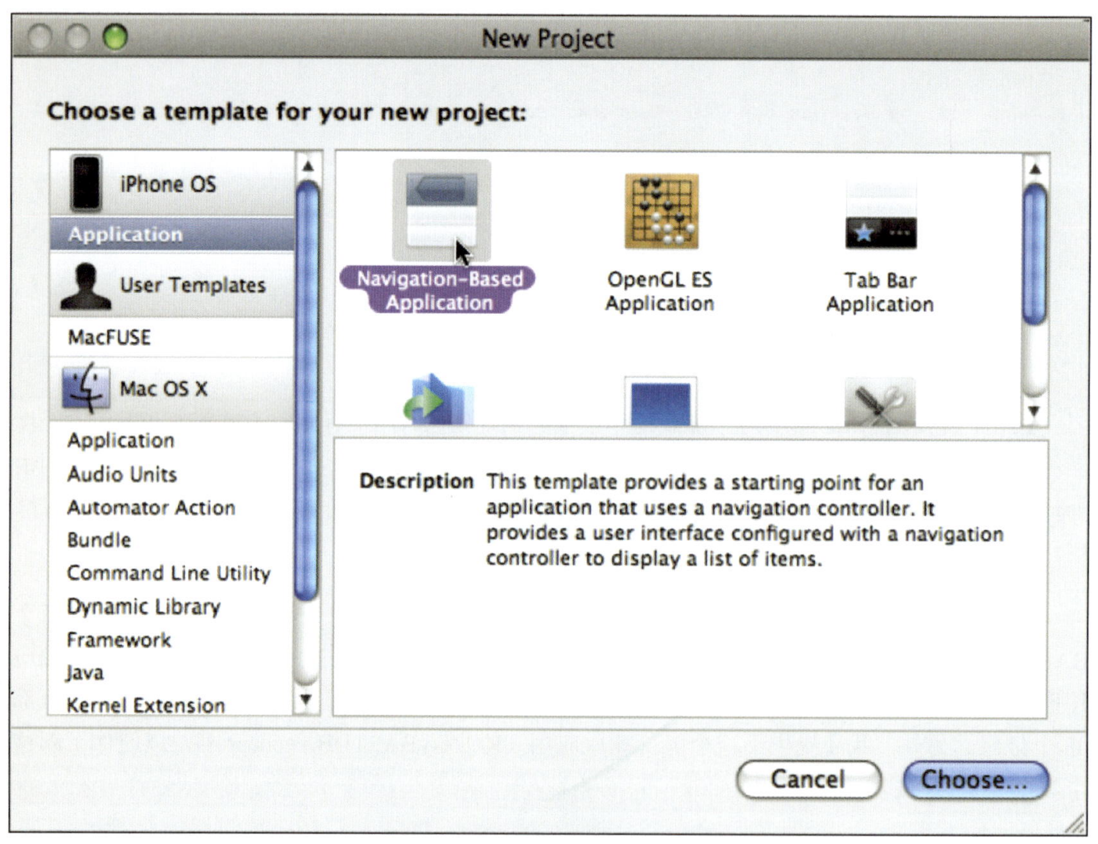

图 7-1 从新建工程对话框选择基于导航的应用

(2) 将工程命名为 RoutesyBART。创建这个工程之后，它将显示一个自动生成的组和文件列表，如图 7-2 所示。

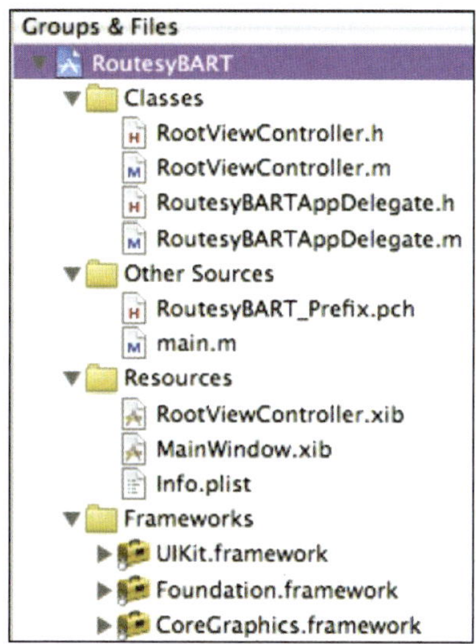

图 7-2 选择一个模板后自动生成的文件

首先，让我们罗列一个清单，看一下创建工程时为应用自动生成或引入了哪些文件。

- 框架
  - UIKit.framework：iPhone 构建和显示 UI 元素所使用的主框架。
  - Foundation.framework：所有 iPhone 应用使用的最基本框架。这个框架包含常用的类，如 `NSString`、`NSArray` 和 `NSNumber`。
  - CoreGraphics.framework：这是一个基于 C 的框架，使用 Quartz 绘制引擎处理 2D 绘制。很多 `UIKit` 类使用 Core Graphics 来绘制其 UI 元素。
- 类
  - RootViewController.m：主表视图控制器，将包含初始的 BART 车站列表，用户可以从中选择。
  - RoutesyBARTAppDelegate.m：委托类，包含应用启动后向应用窗口增加导航控制器的高层代码。
  - main.m：没有必要修改这个文件。其中包含主应用运行循环，已经为你设置就绪。
- UI 文件
  - MainWindow.xib：这个 Interface Builder XIB 文件包含导航控制器的一个实例，允许应用管理一个视图栈。它还包含应用委托和窗口对象的一个引用。
  - RootViewController.xib：这是另一个 XIB 文件，包含应用第一次打开时向用户显示 BART 车站列表所用的 `UITableView`。

- 其他文件
  - Info.plist：应用的属性（如应用名和版本号等）列表。后面，对应用做最后的画龙点睛时再来讨论这个文件。

继续下面的工作之前，现在应设置使用 SDK 包含的 iPhone Simulator 运行这个工程。当然，以后可以在实际的 iPhone 上测试你的应用，不过开始时使用模拟器进行调试会更快。

(3) 对应最新安装的 SDK 版本选择 iPhone Simulator。为此，要选择 Xcode 窗口上方下拉列表中 Active SDK 下面的模拟器，如图 7-3 所示。

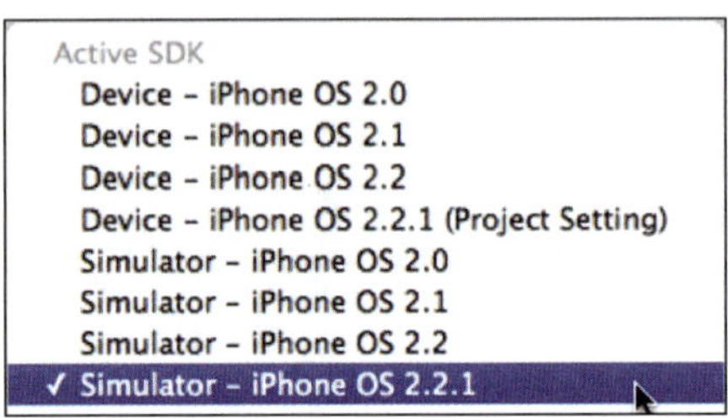

图 7-3　从 Active SDK 下拉列表中选择 iPhone Simulator

(4) 向工程的 Resources 文件夹增加静态数据库（routesy.db）。为此，选择 Resources 文件夹，再选择 Project→Add to Project，选择工程示例文件夹中的数据库文件位置。选择数据库文件之后，会显示一个对话框，如图 7-4 所示。确保“Copy items into destination group's folder”（项目复制到目标组文件夹）未选中，点击 Add 按钮，将这个数据库增加到工程。

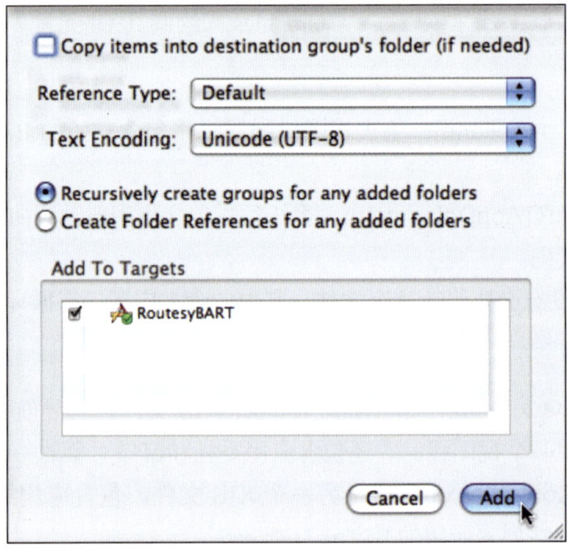

图 7-4　向工程增加静态数据库文件

如果将来要更新数据库，构建工程时会自动复制新版本，因为你的工程只是包含了对数据库的一个引用，而不是文件的一个副本。

(5) 接下来，需要对应用将要用到的更多框架和动态库添加引用。要增加库的引用，选择 Project → Edit Active Target "RoutesyBART"，在 General 标签页中，可以看到面板下方的链接库列表。点击 + 按钮，再点击 CoreLocation.framework、SystemConfiguration.framework、libsqlite3.dylib 和 libxml2.dylib。也可以在按下 Ctrl 键的同时点击所有这 4 个库将其全部选中，并点击 Add 按钮，如图 7-5 所示。

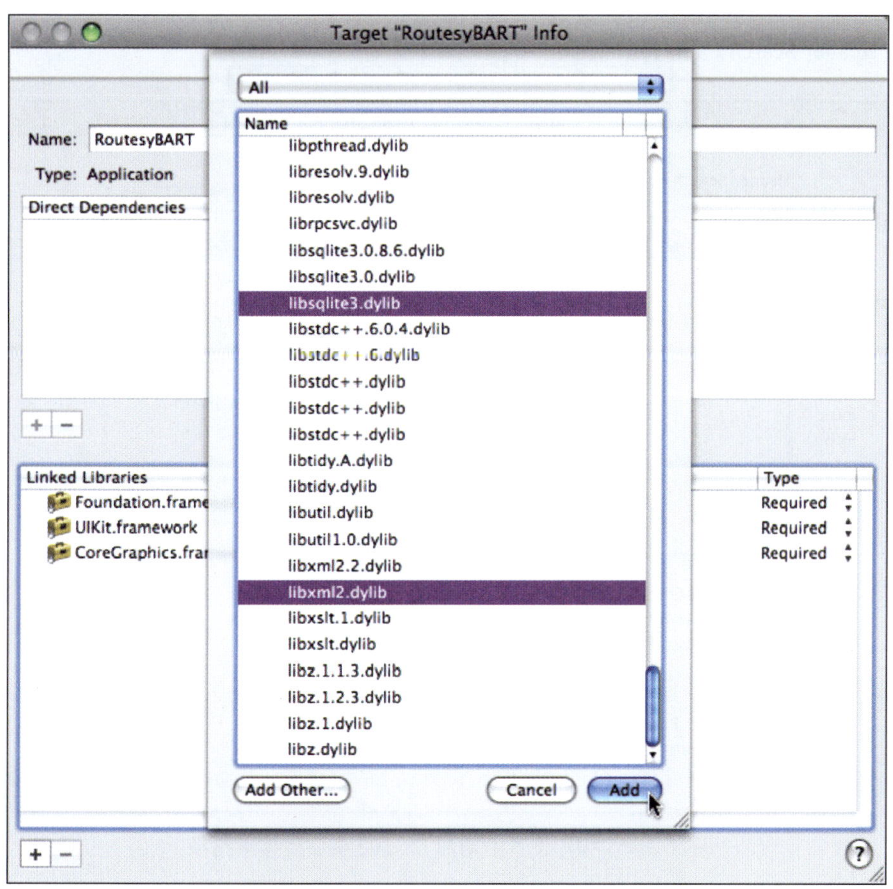

图 7-5 选择要链接到工程的框架和库

下面，花些时间来熟悉刚才链接到工程的框架和库。

- CoreLocation.framework：这个框架允许我们访问 iPhone 的位置 API，应用将使用这个 API 帮助用户查找最近的 BART 车站。

- SystemConfiguration.framework：这个框架包含的 API 允许我们确定用户设备的配置。对于 Routesy，在试图获取预报数据之前我们需要确保网络可用。
- libsqlite3.dylib：这个 C 动态库提供了一个 API，用于查询工程中包含的静态 SQL 数据库。
- libxml2.dylib：这个动态库允许应用完成 XML 文档快速解析并得到 Xpath 查询支持，这将帮助我们快速找到用户请求的预报数据。

(6) libxml2 库还要求包含 libxml 头文件的引用，这些文件位于系统的以下路径：/usr/include/libxml2。要增加这些头文件，在已经打开的 Target Info 窗口中选择 Build 标签页，将路径增加到 Header Search Paths 域，如图 7-6 所示。

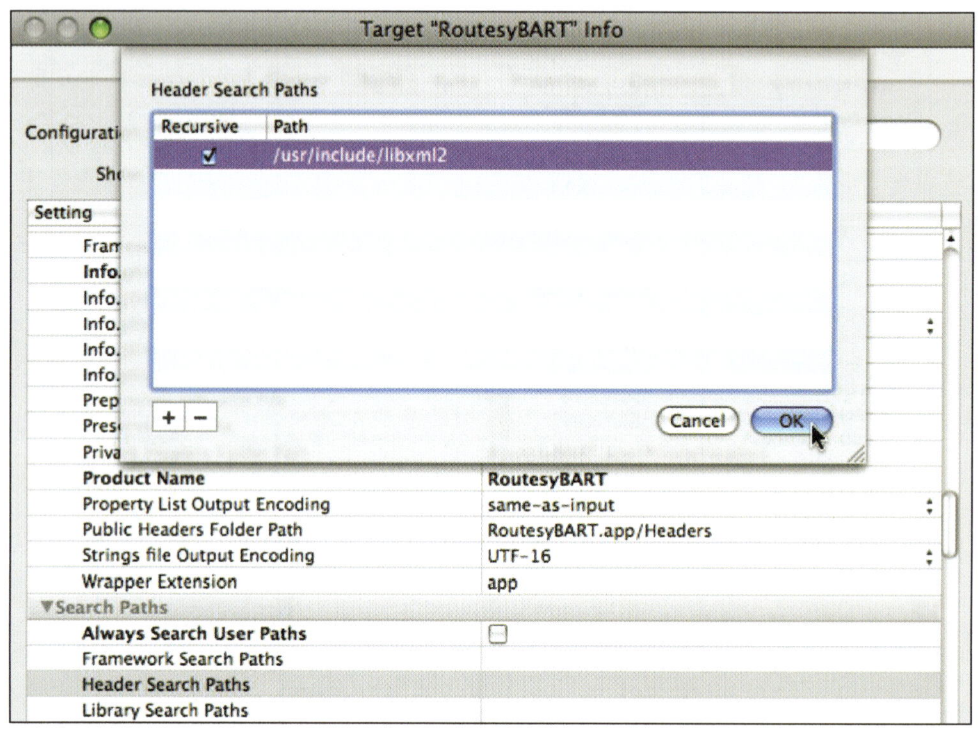

图 7-6 在构建设置中增加 libxml2 头文件搜索路径

双击 Header Search Paths 域打开图 7-6 所示的对话框。确保选中 Recursive 选框，从而使应用可以找到完成构建时所需的全部 libxml2 头文件。

既然已经设置了工程的所有依赖库，现在可以编写代码了。首先，需要为工程构建一个模型，即表示数据的对象。对于 Routesy，有两种类型的对象：车站和预报。首先，分别为它们创建一个对象。

(7) 选择 File → New File，在 Cocoa Touch Classes 下面选择“NSObject subclass”，如图 7-7 所示。将其中一个文件命名为 Station.m，另一个命名为 Prediction.m。创建这些类时，伴随每个实现文件（扩展名为 .m）都会自动生成一个头文件（扩展名为 .h）。

(8) 为保证文件的组织性，下面还要创建一个文件夹（在 Xcode 中称为**组**（group））。为此，选择 Project → New Group。将这个新组命名为“model”，并把刚才创建的头文件和实现文件拖到这个组中，如图 7-8 所示。

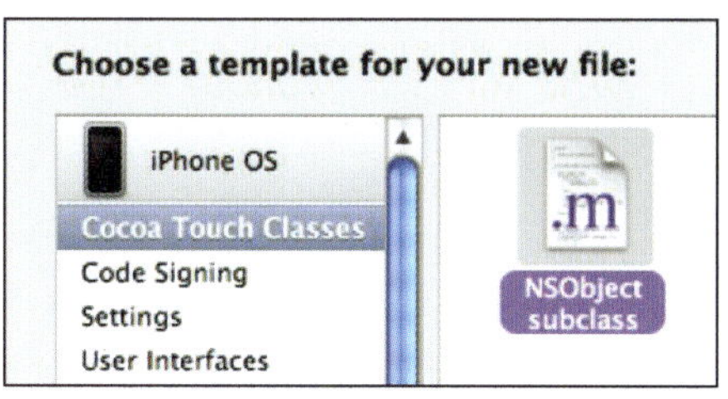

图 7-7 在新建文件对话框中创建一个 NSObject 子类文件

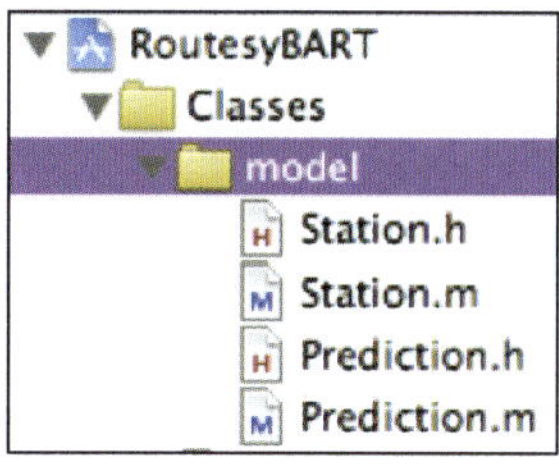

图 7-8 将模型类组织到一个文件夹中

这些类的结构非常基本，与静态数据库中的数据和 BART XML 提要返回的信息紧密对应。为了避免内存泄漏，不要忘记在对象的 dealloc 方法中释放实例变量。代码清单 7-1 显示了 Station 和 Prediction 类的代码。

代码清单 7-1 创建 Station 和 Prediction 模型类

```
//
//  Station.h
//

#import <Foundation/Foundation.h>

@interface Station : NSObject {
  NSString *stationId;
  NSString *name;
  float latitude;
  float longitude;
  float distance;
}

@property (copy) NSString *stationId;
@property (copy) NSString *name;
@property float latitude;
@property float longitude;
@property float distance;
@end
```

```
//
//  Station.m
//

#import "Station.h"

@implementation Station
@synthesize stationId, name, latitude, longitude, distance;

- (void)dealloc {
  [stationId release];
  [name release];
  [super dealloc];
}

@end

//
//  Prediction.h
//

#import <Foundation/Foundation.h>

@interface Prediction : NSObject {
  NSString *destination;
  NSString *estimate;
}

@property (copy) NSString *destination;
@property (copy) NSString *estimate;

@end

//
//  Prediction.m
//

#import "Prediction.h"

@implementation Prediction
@synthesize destination, estimate;

- (void)dealloc {
  [destination release];
  [estimate release];
```

```
    [super dealloc];
}

@end
```

接下来，处理工程中的控制器。基本说来，**控制器**是一个在应用模型（包含数据的对象）和**视图**（为用户提供的显示）之间建立桥梁的对象。

这个工程中已经有一个控制器，即 RootViewController.m，这个类对应用户启动应用时将显示的初始 `UITableViewController`。除此之外，我们还需要第二个表视图控制器，用来管理用户选择某个车站时将看到的预报列表，所以下面再为这个控制器创建一个类。

(9) 选择 File → New File，这一次选择“UITableViewController subclass”作为模板，如图 7-9 所示。将新类命名为 `PredictionTableViewController`。

图 7-9 创建一个 `UITableViewController` 子类

为了保证文件有组织性，现在最好创建一个名为“controller”的组，并在其中存放控制器类，这与图 7-8 中为模型类创建一个组很类似。应当把 `RootViewController` 和 `PredictionTableViewController` 放在这个新的组中。

这两个视图控制器类提供了大量便于使用的、加注释的方法实现，可以提醒我们要建立并运行表视图需要实现哪些方法。后面为应用增加功能时，我们将实现其中一些方法。

至此，我们已经有了一个不错的起点，下面将在初始表视图中显示车站列表。

(10) 首先，需要向 `RootViewController` 增加一个属性，以便存储车站对象列表。在 RootViewController.h 中增加一个实例变量：

```
NSMutableArray *stations;
```

(11) 另外，在头文件中增加一个属性：

```
@property (nonatomic,retain) NSMutableArray *stations;
```

(12) 在 RootViewController.m 最前面的实现部分，确保使用 `@synthesize` 指令为这个新属性自动生成读写函数：

```
@synthesize stations;
```

(13) 现在，需要打开数据库，获取车站列表，并把这个列表置于刚才创建的可修改的数组中。只需要在应用启动时将这个静态的车站列表加载一次，因为这个列表是不变的。所以，我们通过实现 `RootViewController` 的 `viewDidLoad` 方法来加载这个列表。

代码清单 7-2 中的代码首先初始化 stations 数组，并对数据库文件执行一个查询来获取车站列表。对于数据库中的每一行，将分配一个新的 Station 对象并将其增加到数组中，如代码清单 7-2 所示。你会注意到，这个代码大量使用了 SQLite C API，更多相关内容参见 http://www.sqlite.org，也可以参考 Mike Owens 所著的 *The Definitive Guide to SQLite*(Apress, 2006)。

代码清单 7-2　从数据库加载车站列表

```
- (void)viewDidLoad {
    [super viewDidLoad];

    // 从静态数据库加载车站列表
    self.stations = [NSMutableArray array];

    sqlite3 *database;
    sqlite3_stmt *statement;

    NSString *dbPath = [[NSBundle mainBundle]
                         pathForResource:@"routesy" ofType:@"db"];

    if (sqlite3_open([dbPath UTF8String], &database) == SQLITE_OK) {
      char *sql = "SELECT id, name, lat, lon FROM stations";
      if (sqlite3_prepare_v2(database, sql, -1, &statement, NULL)
          == SQLITE_OK) {

        // 迭代处理结果集中的每一行
        while (sqlite3_step(statement) == SQLITE_ROW) {
          const char* station_id =
              (const char*)sqlite3_column_text(statement, 0);
          const char* station_name =
              (const char*)sqlite3_column_text(statement, 1);
          double lat = sqlite3_column_double(statement, 2);
          double lon = sqlite3_column_double(statement, 3);

          Station *station = [[Station alloc] init];
          station.stationId = [NSString stringWithUTF8String:station_id];
          station.name = [NSString stringWithUTF8String:station_name];
          station.latitude = lat;
          station.longitude = lon;

          [self.stations addObject:station];
          [station release];
        }
        sqlite3_finalize(statement);
      }
      sqlite3_close(database);
    }
}
```

(14) 为了使 UITableView 显示数据行，需要实现 3 个基本方法。首先，需要设置表视图中的分区数，这里只有一个分区。这个函数已经在 RootViewController.m 的模板中实现：

```
- (NSInteger)numberOfSectionsInTableView:(UITableView *)tableView {
    return 1;
}
```

(15) 接下来，UITableView 需要知道要显示多少个表单元格。这如同返回车站数组中的行数一般简单：

```
-  (NSInteger)tableView:(UITableView *)tableView
        numberOfRowsInSection:(NSInteger)section {
    return [self.stations count];
}
```

(16) 最后再来实现一个方法，用于在显示表视图时确定一个单元格中显示什么值。

iPhone SDK 使用了一个巧妙的方法，通过这种方法，在表视图中滚动长长的项目列表时可以保证内存使用保持在一个可管理的水平。这里并不是为每一个项目都创建一个单元格（这样可能会占用大量内存），表只是根据一次能够显示的单元格数来分配相应数量的单元格，如果由于滚动使得一个单元格超出了可查看的区域，它会进入队列，并在需要显示一个新单元格时重用。

以下方法会在每次显示一个单元格时通过调用 dequeueReusableCellWithIdentifier 来查看是否已经有已分配的单元格可以重用。CellIdentifier 串允许表视图有多种类型的单元格。在这里，我们将标识符设置为 "station"。

为了确定哪个车站对应于所显示的单元格，这个方法提供了一个便于使用的 NSIndexPath 对象，它有一个名为 row 的属性。从以下代码可以看到，我们使用行索引从 stations 数组检索一个 Station 对象，一旦得到要处理的单元格，可以将这个单元格的 text 属性设置为车站名，如代码清单 7-3 所示。

代码清单 7-3 设置车站列表单元格文本

```
- (UITableViewCell *)tableView:(UITableView *)tableView
      cellForRowAtIndexPath:(NSIndexPath *)indexPath {

    static NSString *CellIdentifier = @"station";
    Station *station = [self.stations objectAtIndex:indexPath.row];

    UITableViewCell *cell = [tableView
        dequeueReusableCellWithIdentifier:CellIdentifier];
    if (cell == nil) {
```

```
            cell = [[[UITableViewCell alloc] initWithFrame:CGRectZero
                reuseIdentifier:CellIdentifier] autorelease];
        }

        // 建立单元格……
        cell.text = station.name;
        return cell;
    }
```

(17) 需要在 RootViewController.m 最前面增加两个额外的 `#import` 语句，以包含新代码所依赖的依赖库。在这个文件最前面增加以下代码行，使工程能够正常编译：

```
#import <sqlite3.h>
#import "Station.h"
```

有了表视图代码，我们终于可以测试 Routesy 了，这是对它的第一次测试。在 Xcode 中，点击工具条中的“Build and Go”，应用将通过编译，并在 iPhone Simulator 中启动。一旦应用启动，你会看到如图 7-10 所示的视图。

这里看到的内容确实不多。你能够在由数据库加载的车站列表中上下滚动，不过选择其中一行时不会有任何反应。

下一步要适当地设置 UI，使得用户轻击一个车站名时会看到针对这个车站的一个预报列表。

我们已经有了一个显示预报的表视图控制器类 `PredictionTableViewController`。不过，到目前为止，还没有创建这个类的实例来具体完成显示。

你可能已经注意到，代码中同样没有创建 `RootViewController` 的任何实例。这是因为，工程模板会使用 Interface Builder 为我们创建 `RootViewController` 的一个实例。创建 `PredictionTableViewController` 的实例时也将依照这种方法。

图 7-10　动态车站列表 `UITableView`

保存工程中所有尚未保存的文件，然后在工程的 Resources 文件夹下双击 MainWindow.xib，在 Interface Builder 中打开 UI 文件。此时会显示两个窗口：文档窗口（如图 7-11 所示）以及导航控制器窗口，应用将使用这个导航控制器实现来回导航，并管理可见视图栈，导航控制器窗口如图 7-12 所示。

图 7-11 Interface Builder 默认文档视图

图 7-12 Interface Builder 中的导航控制器窗口

我们要处理的很多对象都位于 Navigation Controller（导航控制器）以下的视图层次结构中，除非你将文档视图模式改为某种更友好的模式，否则不可能看到这些视图。这个工程将使用 List View（表视图），可以在文档工具条中点击 View Mode（视图模式）上面中间的按钮来启用这种模式，如图 7-13 所示。

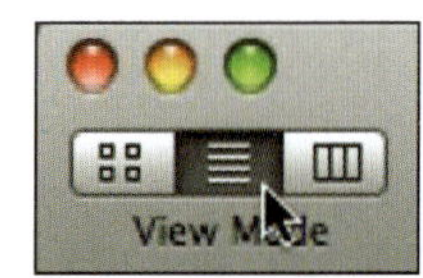

图 7-13　Interface Builder 中将视图模式改为表模式

现在可以来了解这个工程模板如何建立主 UI 文件。默认提供的导航控制器有一个导航条，还有一个 `RootViewController` 实例，这是创建工程时自动生成的顶层类，当前包含显示车站列表的表视图。

(18) Root View Controller（根视图控制器）下面是 `UINavigationItem` 的一个实例，其中包含这个视图控制器在导航层次结构中所处位置的有关信息。下面来看根控制器的信息，展开这个控制器并点击导航项。然后，在 Interface Builder 中选择 Tools → Inspector。Inspector 窗口弹出时，选择第一个（名为 Attributes）标签页，如图 7-14 所示。

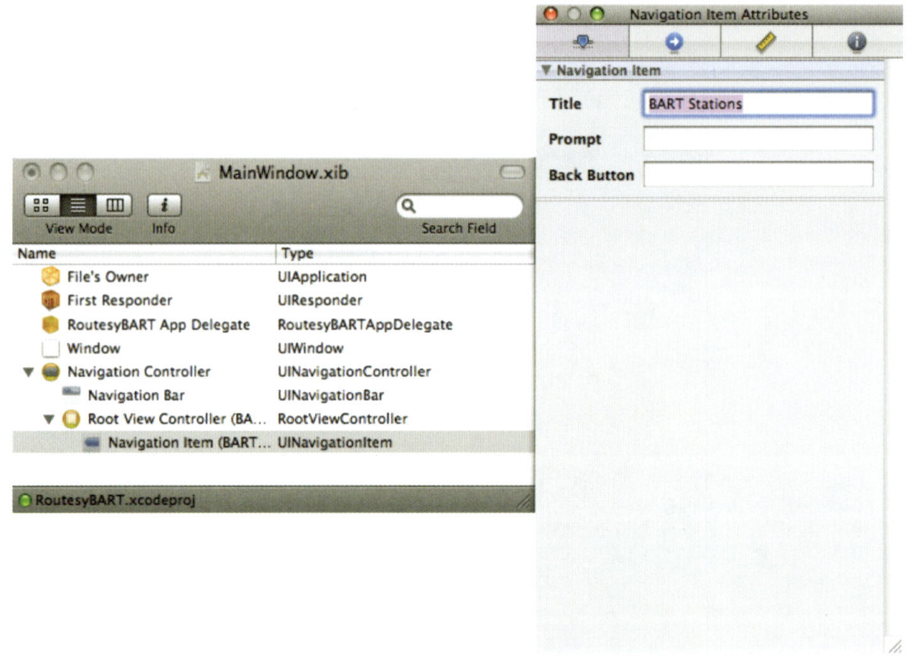

图 7-14　设置 `UINavigationItem` 属性

Inspector 窗口中显示了导航项的 3 个文本属性：Title、Prompt 和 Back Button。Title 确定了导航项所属视图控制器在视图栈中可见时屏幕上方工具条中显示的文本。Prompt 域允许应用在标题上面显示一行更小的文本，Back Button 域包含的文本将显示在下一个屏幕的后退按钮中，这个按钮可以把用户带回到当前这个屏幕。

(19) 现在，只需在 Title 域中键入 BART Stations。

接下来，可以创建 `PredictionTableViewController` 的一个实例（这个类已在第 9 步创建），用于第二个屏幕。

(20) 点击 Tools → Library 打开 Library（库）窗口。在 Cocoa Touch Plugin 下面的 Controllers 部分，将表视图控制器的一个实例拖到文档下方，如图 7-15 所示。

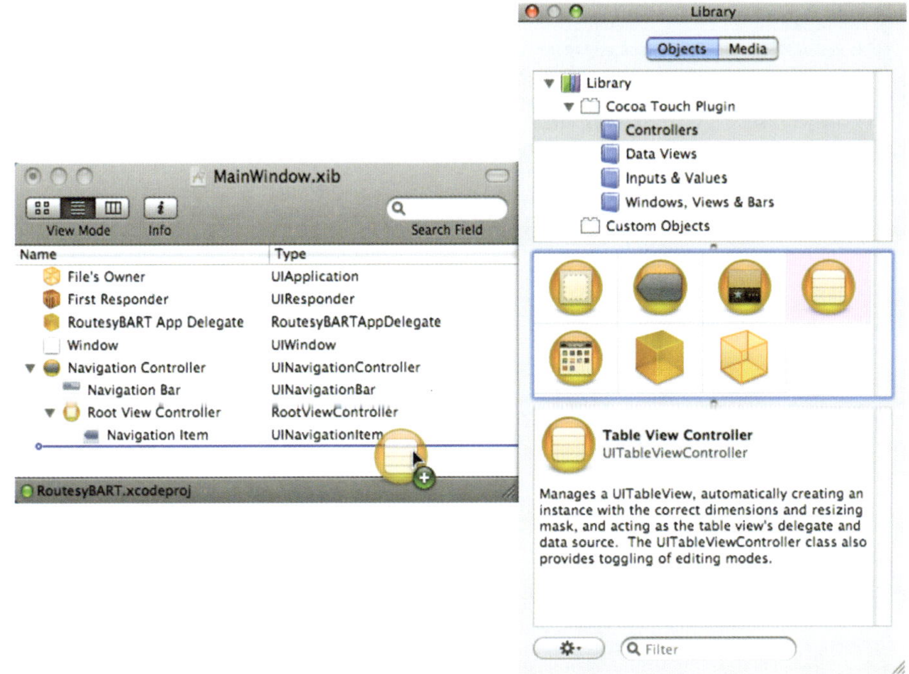

图 7-15 为工程增加一个新的表视图控制器

起初，新的表视图控制器类设置为 `UITableViewController`。不过，由于我们已经创建了自己的定制控制器类 `PredictionTableViewController`，需要告诉 Interface Builder：新控制器的类型应当与我们创建的类一致。

(21) 选择刚才拖入文档的表视图控制器，再次打开 Inspector 窗口。选择 Identity 标签页，在 Class 域中将类设置为 `PredictionTableViewController`，如图 7-16 所示。

(22) 第二个表视图控制器也需要一个导航项，以便为预报表设置一个标题。从 Library 窗口将一个导航项拖到新的表视图控制器上，并采用之前处理根视图控制器对象的方法，在 Inspector 窗口中设置标题，见图 7-17。如图所示，确保将这个新导航项放在预报表视图控制器内，使之与正确的视图控制器关联。

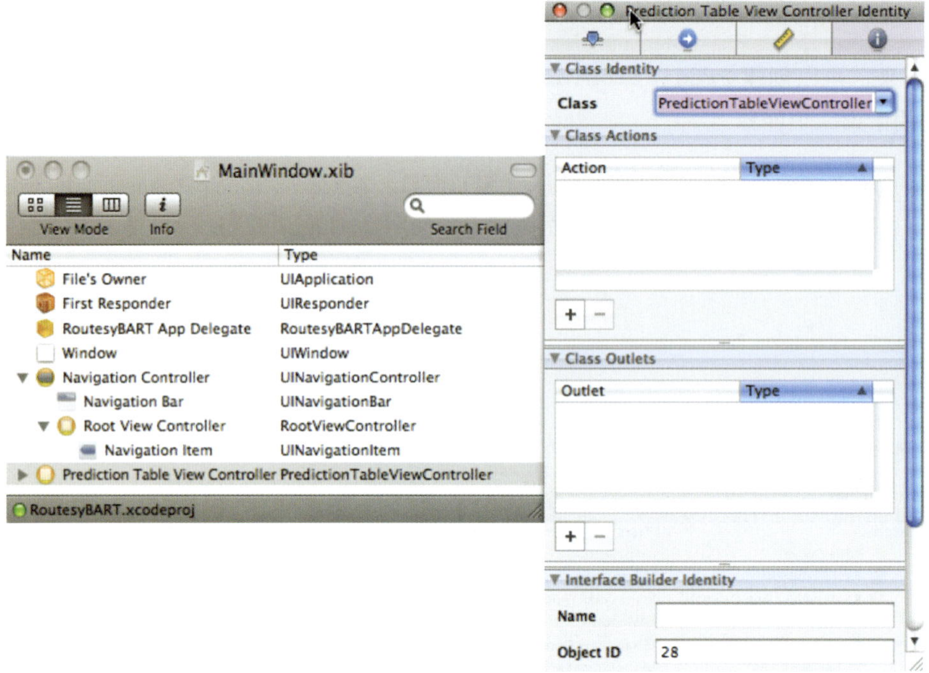

图 7-16　为预报表视图控制器设置类

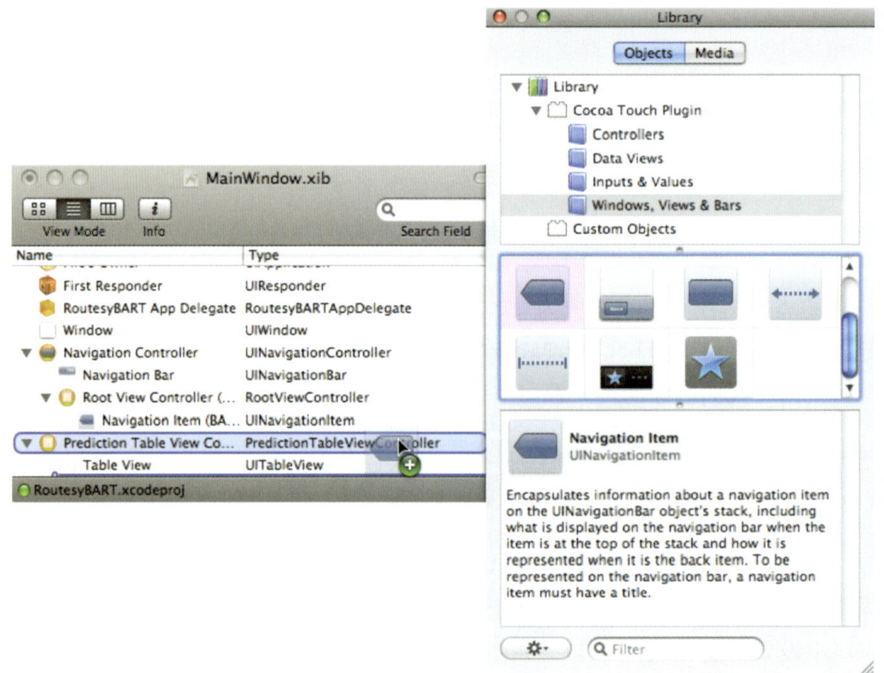

图 7-17　为预报表视图控制器增加一个导航项

现在，你已经在 UI XIB 中加载了 PredictionTableViewController 的一个实例，可供在应用中使用。在 Interface Builder 中保存所做的修改，并返回 Xcode。

(23) 接下来，需要启用第一个屏幕上的表，以便在用户选择一个车站时将新的第二个表压入视图栈。在 RootViewController.h 中的 RootViewController 接口中增加一条 #import 语句：#import"PredictionTableViewController.h"，然后声明一个新属性，后面将使用这个属性来引用你的新控制器实例：

```
PredictionTableViewController *predictionController;
```

(24) 为这个新的实例变量设置属性。不过，这一次要在属性声明中的类型前面增加一个 IBOutlet 引用。这会告诉 Interface Builder 你希望能够将 Interface Builder 中的一个对象与这个属性连接。不要忘记还要在 RootViewController.m 中为属性自动生成读写函数：

```
@property (nonatomic,retain)
    IBOutlet PredictionTableViewController *predictionController;
```

(25) 保存所做的修改，切换回 Interface Builder，点击 Root View Controller 将其选中。在 Inspector 窗口中，选择第二个标签页（名为 Connections）。可以看到，现在 predictionController 实例有一个 outlet。将这个 outlet 连接到预报表视图控制器，为此需将圆圈从 outlet 拖到文档窗口中的控制器，如图 7-18 所示。

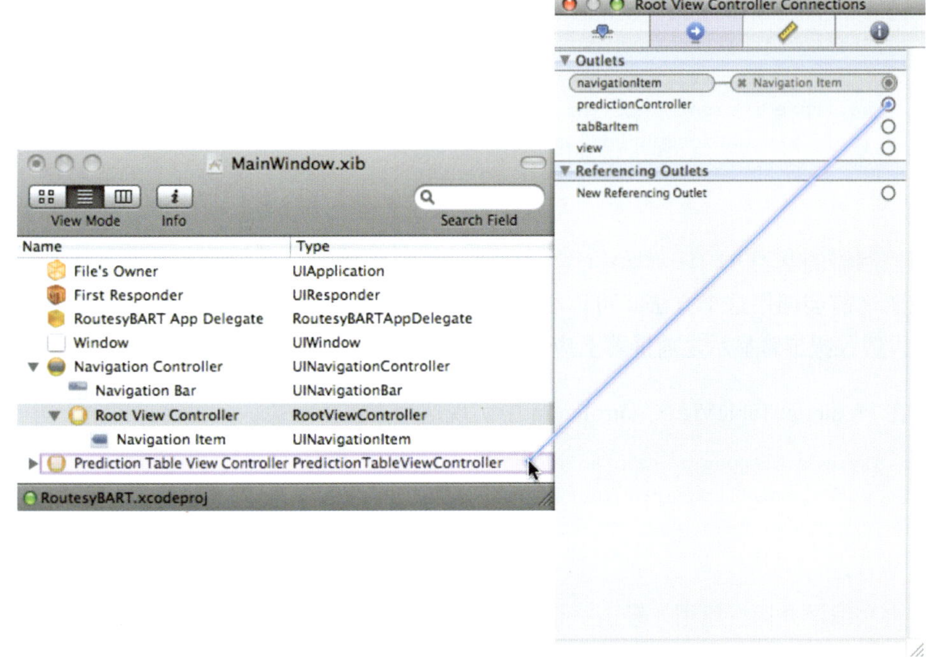

图 7-18 将预报表视图控制器连接到 predictionController outlet

(26) 既然根视图控制器可以访问我们新创建的预报控制器，下面可以设置根控制器，使得轻击车站名时可以显示预报表。表视图控制器有一个委托方法，名为 didSelectRowAtIndexPath，可以实现这个方法，只要在表视图中选择一项就会调用这个方法。我们将实现这个方法来告诉应用：当轻击某个选择时要将预报控制器压入视图栈：

```
- (void)tableView:(UITableView*)tableView
                  didSelectRowAtIndexPath:(NSIndexPath*)indexPath {
      [self.navigationController
            pushViewController:self.predictionController animated:YES];
}
```

(27) 我们还需要一种方法让预报控制器知道用户选择了哪个车站。为此，可以获取车站对象的一个引用，把它设置到预报控制器的一个属性中。在预报控制器上针对车站创建一个实例变量和属性，名为 station。这个属性的类型为 Station，采用之前为其他类创建属性的做法，在 PredictionTableViewController 上创建这个属性并自动生成读写函数。创建新属性和实例变量时，不要忘记还要在类的 dealloc 方法中将其释放，以避免内存泄漏。

(28) 然后，再回到 RouteViewController，使用 indexPath 中提供的行索引可以获取对所选车站的一个引用，把它设置到刚才新创建的属性中，这样预报控制器就能知道选择了哪个车站。

```
- (void)tableView:(UITableView*)tableView
didSelectRowAtIndexPath:(NSIndexPath*)indexPath{
      Station *selectedStation =
                  [self.stations objectAtIndex:indexPath.row];
      self.predictionController.station = selectedStation;
      [self.navigationController
            pushViewController:self.predictionController animated:YES];
}
```

预报控制器的基类 UIViewController 有一个名为 viewWillAppear 的方法，向用户显示一个视图之前会调用这个方法。可以在 PredictionTableViewController 上实现这个方法，以便设置预报屏幕显示之前屏幕上应显示的标题。

(29) 在 PredictionTableViewController.m 中实现这个方法：

```
- (void)viewWillAppear:(BOOL)animated {
    [super viewWillAppear:animated];
    self.title = self.station.name;
}
```

(30) 再次编译并运行应用，轻击一个车站名时，你会看到新的表视图控制器滑入视图，并在第二个屏幕上方显示出所选车站的名字。目前还没有具体显示的数据，这正是下一步的工作。

7.4 为 Routesy 引入实时预报

既然已经有了模型和控制器，下面可以从 BART 数据提要加载实时预报。为了让应用简洁而美观，我们把加载提要数据的相关逻辑封装到一个新类中，类名为 BARTPrediction-Loader。

(1) 选择 File → New File 创建一个新的类，并选择 NSObject 作为新类的基类。

需要做几个工作尽量使 BARTPredictionLoader 类更为有用。首先要创建一个方法，从 BART 提要异步地获取 XML 数据。我们还要创建一个定制协议，从而可以指定一个回调委托，当 XML 数据完成加载时就可以很容易地通知到代码。这个类将有两个 NSMutableData 属性：一个对应正在加载的数据，另一个属性对应上一次成功加载的数据副本。最后还要建立 BARTPredictionLoader 的一个单例实例，可供应用从任意位置访问。代码清单 7-4 显示了头文件定义。

代码清单 7-4　创建 BARTPredictionLoader 接口

```
//
//  BARTPredictionLoader.h
//

#import <Foundation/Foundation.h>
#import <SystemConfiguration/SystemConfiguration.h>

@protocol BARTPredictionLoaderDelegate
- (void)xmlDidFinishLoading;
@end

@interface BARTPredictionLoader : NSObject {
    id _delegate;
    NSMutableData *predictionXMLData;
    NSMutableData *lastLoadedPredictionXMLData;
}

+ (BARTPredictionLoader*)sharedBARTPredictionLoader;
- (void)loadPredictionXML:(id<BARTPredictionLoaderDelegate>)delegate;

@property (nonatomic,retain) NSMutableData *predictionXMLData;
@property (nonatomic,retain) NSMutableData *lastLoadedPredictionXMLData;

@end
```

(2) 接下来，需要具体实现代码从 BART 提要加载数据。首先，实现 loadPredictionXML。注意，这个方法取一个委托对象 BARTPredictionLoaderDelegate 作为参数，这个委托对象实现了我们的协议。代码将这个委托设置到 _delegate 实例变量中，并一直存放在这里，直至我们需要使用这个委托。

(3) 尝试调用网络之前，应当确保目前 iPhone 上网络可用。可以利用 SystemConfiguration.framework 提供的 SCNetworkReachability 函数来保证这一点。

(4) 假设可达性标志指示网络可用，可以使用 NSURLConnection 创建一个异步连接从 BART 提要加载数据，如代码清单 7-5 所示。

代码清单 7-5 检查网络并创建一个连接

```
- (void)loadPredictionXML:(id<BARTPredictionLoaderDelegate>)delegate {
  _delegate = delegate;

  // 从 BART 的网站加载预报 XML
  // 确保使用当前连接可以访问到 bart.gov

  SCNetworkReachabilityFlags  flags;
  SCNetworkReachabilityRef reachability =
    SCNetworkReachabilityCreateWithName(NULL,
                                    [@"www.bart.gov" UTF8String]);
  SCNetworkReachabilityGetFlags(reachability, &flags);

  // 可达性标志是一个标志位集合，包含了连接可用性的相关信息
  BOOL reachable = ! (flags &
                    kSCNetworkReachabilityFlagsConnectionRequired);

  NSURLConnection *conn;
  NSURLRequest *request = [NSURLRequest
    requestWithURL:[NSURL
     URLWithString:@"http://www.bart.gov/dev/eta/bart_eta.xml"]];
  if ([NSURLConnection canHandleRequest:request] && reachable) {
    conn = [NSURLConnection connectionWithRequest:request delegate:self];
    if (conn) {
        self.predictionXMLData = [NSMutableData data];
    }
  }
}
```

(5) NSURLConnection 的 connectionWithRequest 方法也有一个委托参数。在这里，我们将委托设置为 self，这样一来，就可以在 BARTPredictionLoader 类本身实现连接的委托方法。NSURLConnection 有很多委托方法，我们将实现其中的 3 个：didReceiveResponse、didReceiveData 和 connectionDidFinishLoading。代码清单 7-6 中的注释解释了各个委托方法如何工作，而且图 7-19 显示了这些委托方法的调用顺序。

代码清单 7-6 NSURLConnection 的委托方法 didReceiveResponse

```
- (void)connection:(NSURLConnection *)connection
            didReceiveResponse:(NSURLResponse*)response {
    // 连接准备接收数据时会在请求开始时调用 didReceiveResponse
    // 这里将长度设置为 0,
    // 使数组准备好接收数据
    [self.predictionXMLData setLength:0];
}

- (void)connection:(NSURLConnection *)connection
    didReceiveData:(NSData *)data {
    // 每次接收到一个数据块时，将它
    // 追加到数据数组
    [self.predictionXMLData appendData:data];
}

- (void)connectionDidFinishLoading:(NSURLConnection *)connection {
    // 数据完成加载时，设置所加载数据的一个副本
    // 以供访问。这样我们就
    // 不必担心访问数据时是否加载正在进行

    self.lastLoadedPredictionXMLData = [self.predictionXMLData copy];

    // 确保 _delegate 对象确实有 xmlDidFinishLoading 方法，
    // 如果确实如此，调用该方法来通知委托
    // 数据已经完成加载
    if ([_delegate respondsToSelector:@selector(xmlDidFinishLoading)]) {
      [_delegate xmlDidFinishLoading];
    }
}
```

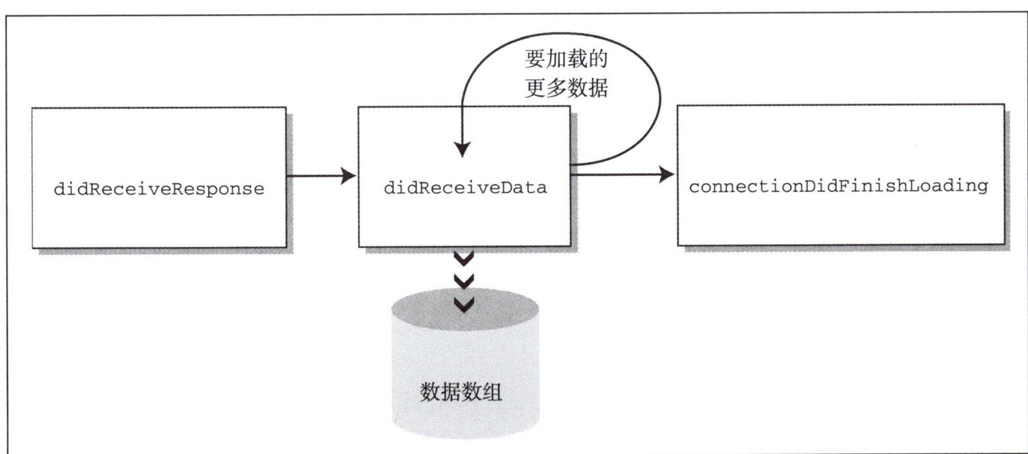

图 7-19 NSURLConnection 的委托方法

(6) 最后，需要建立 BARTPredictionLoader 的一个单例实例，以便从应用代码的任意位置都可以很容易地调用（见代码清单 7-7）。预报加载器初始化部分的 @synchronized 代码块用于确保所创建的实例是线程安全的。有关线程如何工作的更详细信息请参考第 3 章。

有了这个类方法，只需调用 [BARTPredictionLoader sharedBARTPredictionLoader] 就可以从任意位置访问预报加载器的共享实例。要了解如何适当地实现单例，详细解释参见苹果公司的 *Cocoa Fundamentals Guide*：

http://developer.apple.com/documentation/Cocoa/Conceptual/CocoaFundamentals/CocoaObjects/CocoaObjects.html#//apple_ref/doc/uid/TP40002974-CH4-SW32

代码清单 7-7　创建 BARTPredictionLoader 的一个共享实例

```
static BARTPredictionLoader *predictionLoader;

+ (BARTPredictionLoader*)sharedBARTPredictionLoader {

    @synchronized(self) {
      if (predictionLoader == nil) {
        [[self alloc] init];
      }
    }
    return predictionLoader;
}
```

既然已经能够根据需要加载数据，下面需要明确在哪里使用这些数据。再来看 http://www.bart.gov/dev/eta/bart_eta.xml 的 BART 提要。

你会注意到，这个提要将所有车站的预报信息包含在一个非常小的、可以快速加载的 XML 文件中。通常，只需加载用户所选车站的预报数据，不过这个文件中包含了所有预报，所以最好在车站列表第一次加载时开始加载这个数据，这样当用户选择某个车站时就已准备好相应的预报。

(7) 下面，再来看 RootViewController.m 中的 viewDidLoad 代码。首先，在预报加载完成之前，需要避免用户从表中做任何选择。之后开始加载 XML。在 RootViewController.m 增加 import 语句：#import "BARTPredictionLoader.h"，然后在 viewDidLoad 的末尾增加以下代码：

```
self.tableView.userInteractionEnabled = NO;
[[BARTPredictionLoader sharedBARTPredictionLoader] loadPredictionXML:self];
```

(8) 应该记得我们曾经为预报加载器创建了一个协议，需要将这个协议关联到 RootViewController，告诉 BARTPredictionLoader：RootViewController 希望在数据完成加载时得到通知。在 RootViewController.h 中，可以在接口声明的最后增加这个协议：

```
@interface RootViewController :
        UITableViewController <BARTPredictionLoaderDelegate> { ...
```

(9) 现在，可以在 RootViewController 中实现协议的 xmlDidFinishLoading 方法，从而能够在 XML 加载之后重新启用表。

```
- (void)xmlDidFinishLoading {
    self.tableView.userInteractionEnabled = YES;
}
```

完成了以上的所有工作之后，现在可以重点考虑如何为所选择的车站加载正确的预报，这说明我们需要一种方法来查询所加载的 XML，从而获取针对所选车站的预报。下面，将使用 libxml2 提供的 XPath 实现来查询由 BARTPredictionLoader 加载的 XML（我们已经在创建工程之初包含了 libxml2）。

Matt Gallagher 是大受欢迎的 Cocoa With Love 博客（http://cocoawithlove.com）的作者，他提供了一组完成 Xpath 查询的包装器函数，大家可以免费使用。libxml2 的 C API 使用起来可能很困难，Matt 的 PerformXMLXPathQuery 函数则可以大大节省我们的时间和精力。

(10) 现在，向 BARTPredictionLoader 增加一个方法（名为 predictionsForStation)，它取唯一的车站 ID 作为参数，如代码清单 7-8 所示。我们将使用这个 Xpath 查询来查找与唯一车站 ID（//station[abbr='%@']/eta）匹配的 eta 元素。PerformXMLXPathQuery 函数返回一个字典数组，其中包含车站的估计到达时间和终点站。

提示

苹果公司的 *Event-Driven XML Programming Guide for Cocoa*（http://developer.apple.com/iphone/library/documentation/Cocoa/Conceptual/XMLParsing/XMLParsing.html）列出了一些对于在 Cocoa 应用中处理 XML 很有帮助的资源。

代码清单 7-8 为一个车站加载实时预报

```
- (NSArray*)predictionsForStation:(NSString*)stationId {
  NSMutableArray *predictions = nil;
  if (self.predictionXMLData) {
    NSString *xPathQuery = [NSString stringWithFormat:
                            @"//station[abbr='%@']/eta", stationId];
    NSArray *nodes =
        PerformXMLXPathQuery(self.predictionXMLData, xPathQuery);
    predictions = [NSMutableArray arrayWithCapacity:[nodes count]];
```

```
    NSDictionary *node;
    NSDictionary *childNode;
    NSArray *children;

    Prediction *prediction;
    for (node in nodes) {
      children = (NSArray*)[node objectForKey:@"nodeChildArray"];
      prediction = [[Prediction alloc] init];
      for (childNode in children) {
          [prediction setValue:[childNode objectForKey:@"nodeContent"]
                        forKey:[childNode objectForKey:@"nodeName"]];
      }
      if (prediction.destination && prediction.estimate) {
        [predictions addObject:prediction];
      }
      [prediction release];
    }
    NSLog(@"Predictions for %@: %@", stationId, predictions);
    }
  return predictions;
}
```

(11) PredictionTableViewController 类需要一个名为 predictions 的属性来保存表将要显示的预报列表。继续做下面的工作之前，应当在 PredictionTableViewController 中声明一个类型为 NSArray 的属性，与之前在 RootViewController 上声明的属性 stations 类似。

有了这个新属性，下面可以实现 PredictionTableViewController viewWillAppear 方法，它会在视图显示之前在预报控制器中设置预报列表。每次视图出现时还需要重新加载表数据，因为用户可能返回并改变所选的车站。现在 ,viewWillAppear 方法如代码清单 7-9 所示。

代码清单 7-9 视图出现前加载预报

```
- (void)viewWillAppear:(BOOL)animated {
    [super viewWillAppear:animated];
    self.title = self.station.name;

    self.predictions = [[BARTPredictionLoader sharedBARTPredictionLoader]
                          predictionsForStation:self.station.stationId];
    [self.tableView reloadData];
}
```

(12) 最后，准备显示预报数据。具体地，表单元格将显示 predictions 数组中各个 Pred-

iction 的 estimate 值。应当采用与处理 RootTableViewController 相同的做法，在 PredictionTableViewController 中实现 3 个表视图方法。提醒一下，需要实现 numberOfSectionsInTableView、erOfRowsInSection 和 cellForRowAtIndexPath。一旦有了这些方法，下面就可以看到之前艰辛努力的成果了。

(13) 编译并运行这个应用来查看结果。选择一个车站时，你会看到针对这个车站加载的一个预报列表，如图 7-20 所示。注意，如果当前没有列车在运行，你可能看不到任何预报。

你会很快注意到一个严重的问题。我们完全不知道预报中显示的各个列车的目的地。由于默认的表视图单元格只有一个标签，所以无法如我们所愿显示更多信息。可以通过创建一个定制表视图单元格来解决这个问题。

(14) 下面，为新的表视图单元格创建一个空的 UI XIB 文件。在 Xcode 中，选择 Resources 文件夹，然后选择 File → New，创建一个空的 XIB 文件，命名为 PredictionCell.xib，如图 7-21 所示。

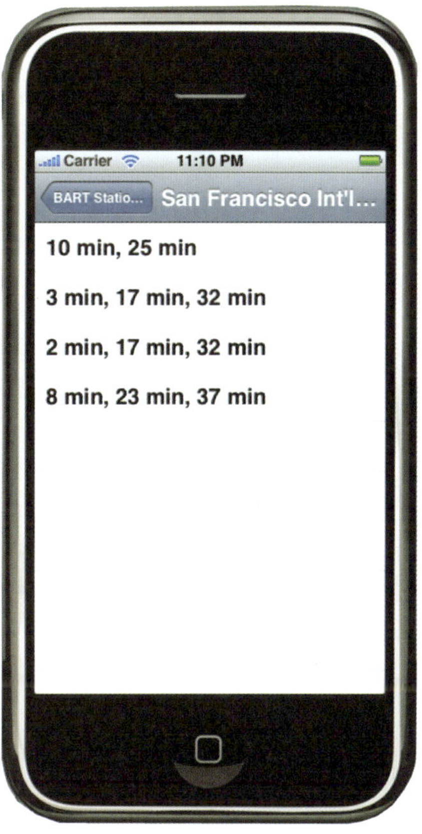

图 7-20 查看所选车站的预报

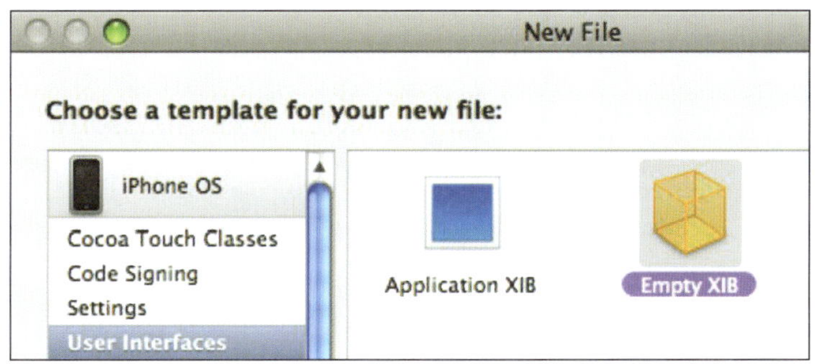

图 7-21 为定制表视图单元格新创建一个空 XIB 文件

(15) 对应新的表视图单元格还需要创建一个类。由于我们要定制实现预报控制器单元格，所以选择 Classes 文件夹，选择 File → New，创建 UITableViewCell 的一个子类，命名为 PredictionCell，如图 7-22 所示。

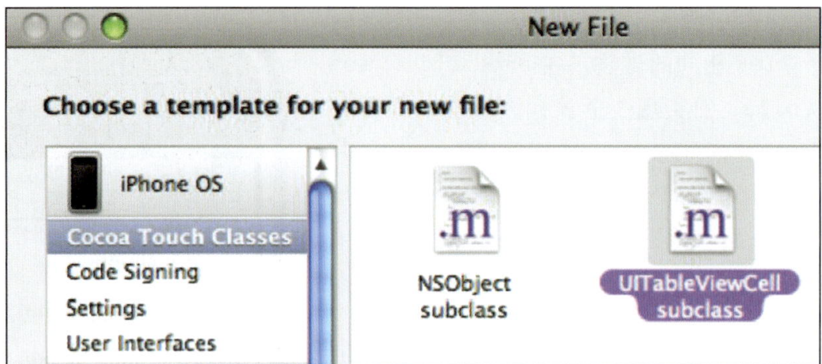

图 7-22 为定制表视图单元格创建一个新的 UITableViewCell 子类

(16) 接下来，创建 PredictionCell，它包含两个 outlet，稍后将在 Interface Builder 中设计它们。我们将使用两个标签，一个对应目的地，另一个对应估计的列车到达时间。再次说明，需要将两个实例变量设置为有 IBOutlet 限定符前缀的属性，以便你能在 Interface Builder 中将这些标签连接到类中的属性。新类的代码如代码清单 7-10 所示。

代码清单 7-10 为定制预报表单元格创建头文件

```
//
//  PredictionCell.h
//

#import <UIKit/UIKit.h>

@interface PredictionCell : UITableViewCell {
    UILabel *destinationLabel;
    UILabel *estimateLabel;
}

@property (nonatomic,retain) IBOutlet UILabel *destinationLabel;
@property (nonatomic,retain) IBOutlet UILabel *estimateLabel;

@end
```

(17) 现在来设计我们的定制表视图单元格。在 Xcode 中，保存工程中所有尚未保存的文件，然后双击 PredictionCell.xib，在 Interface Builder 中打开这个文件。将一个空的表视图单元格（Table View Cell）对象从库拖至 XIB。还应当将新的空表视图单元格与刚创建的类 PredictionCell 关联，结果如图 7-23 中的属性对话框所示。

(18) 现在来设计表单元格。双击 Prediction Cell（预报单元格），将两个标签拖到表单元格的内容区，并将类中创建的 outlet 分别连接到各个标签，如图 7-24 所示。在图中还可以注意到，这里使用 Font 菜单改变了顶层标签的样式，来帮助区别目的地名和预报文本。你完全可以尝试不同的文本样式获取自己喜欢的外观。

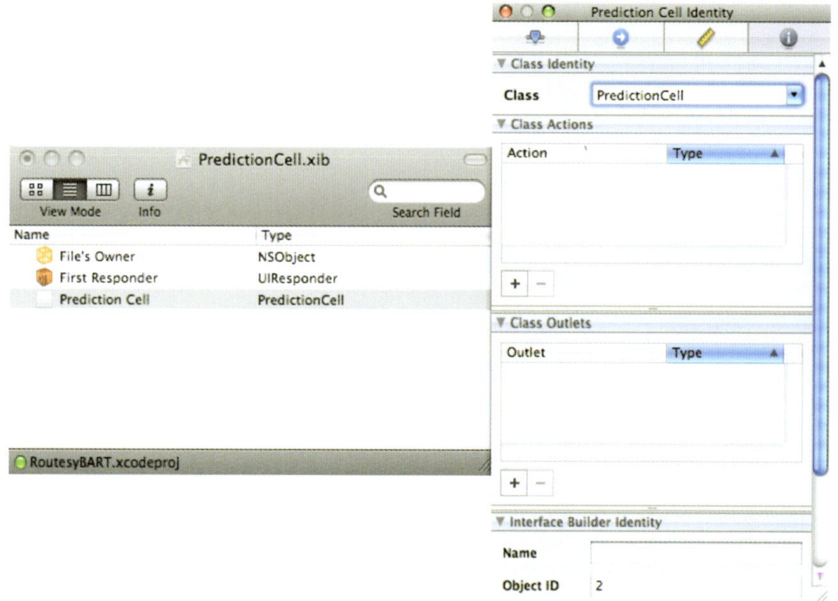

图 7-23　将定制表视图单元格的类设置为 `PredictionCell`

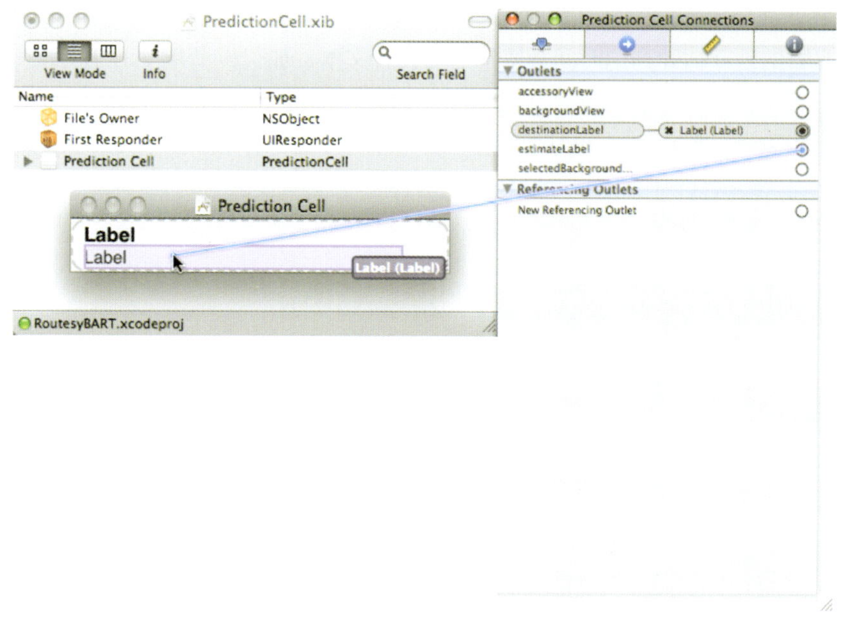

图 7-24　为预报单元格的标签连接 outlet

(19) 接下来，需要配置 PredictionTableViewController，从而使用新的 UI 文件而不是默认的表视图单元格。为此需要完成两个步骤。首先，向 PredictionTableViewController 增加一个新方法 createNewCell，用于加载表视图单元格的一个新实例。

从代码清单 7-11 可以看到，代码会加载 PredictionCell.xib，迭代处理各项，查找第一个类型为 PredictionCell 的对象并返回该单元格对象。

代码清单 7-11　从 XIB 文件创建 PredictionCell 的一个新实例

```
- (PredictionCell*)createNewCell {
    PredictionCell *newCell = nil;
    NSArray *nibItems =
              [[NSBundle mainBundle] loadNibNamed:@"PredictionCell"
                                            owner:self options:nil];
    NSObject *nibItem;
    for (nibItem in nibItems) {
      if ([nibItem isKindOfClass:[PredictionCell class]]) {
        newCell = (PredictionCell*)nibItem;
        break;
      }
    }
    return newCell;
}
```

(20) 现在，我们所要做的就是修改 cellForRowAtIndexPath 方法，现在要使用我们的新单元格，而且目的地和估计到达时间标签都需要设置文本，如代码清单 7-12 所示。

代码清单 7-12　定制 cellForRowAtIndexPath 来设置单元格内容

```
- (UITableViewCell *)tableView:(UITableView *)tableView
              cellForRowAtIndexPath:(NSIndexPath *)indexPath {

    static NSString *CellIdentifier = @"prediction";
    Prediction *prediction =
               [self.predictions objectAtIndex:indexPath.row];

    PredictionCell *cell =
                    (PredictionCell*)[tableView
                     dequeueReusableCellWithIdentifier:CellIdentifier];
    if (cell == nil) {
        cell = [self createNewCell];
    }

  cell.destinationLabel.text = prediction.destination;
```

```
    cell.estimateLabel.text = prediction.estimate;

    return cell;
}
```

现在，编译并运行你的应用会看到更完备的预报视图，这里除了预报时间外还列出了目的地，如图 7-25 所示。

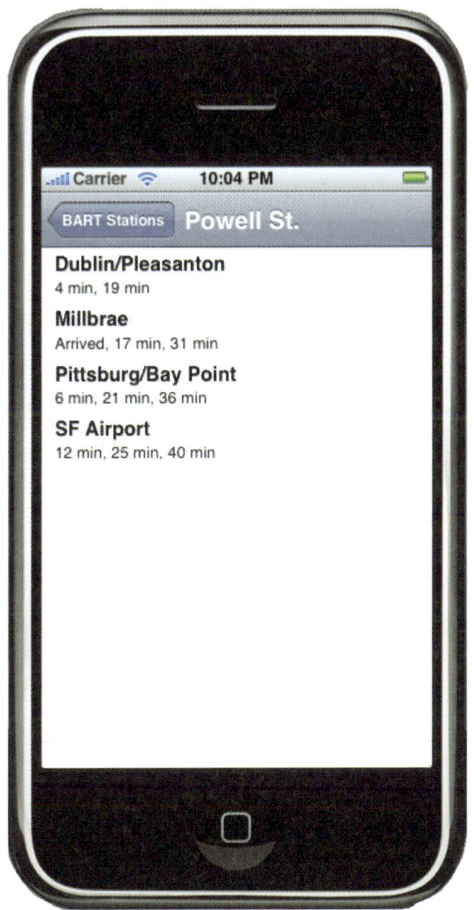

图 7-25　使用新的定制预报单元格查看预报

7.5　为 Routesy 增加基于位置的信息

这个工程区别于其他交通预报方案的主要特性之一是，我们的应用能够检测出哪个车站距离用户最近，因为用户最有可能前往最近的车站开始旅行。iPhone SDK 提供了 Core Location 框架，它可以使用 GPS 或手机发射塔三角测量来确定用户的位置（见图 7-26）。一旦应用启动，我们将得到用户的位置，并使用这个信息对车站列表排序。

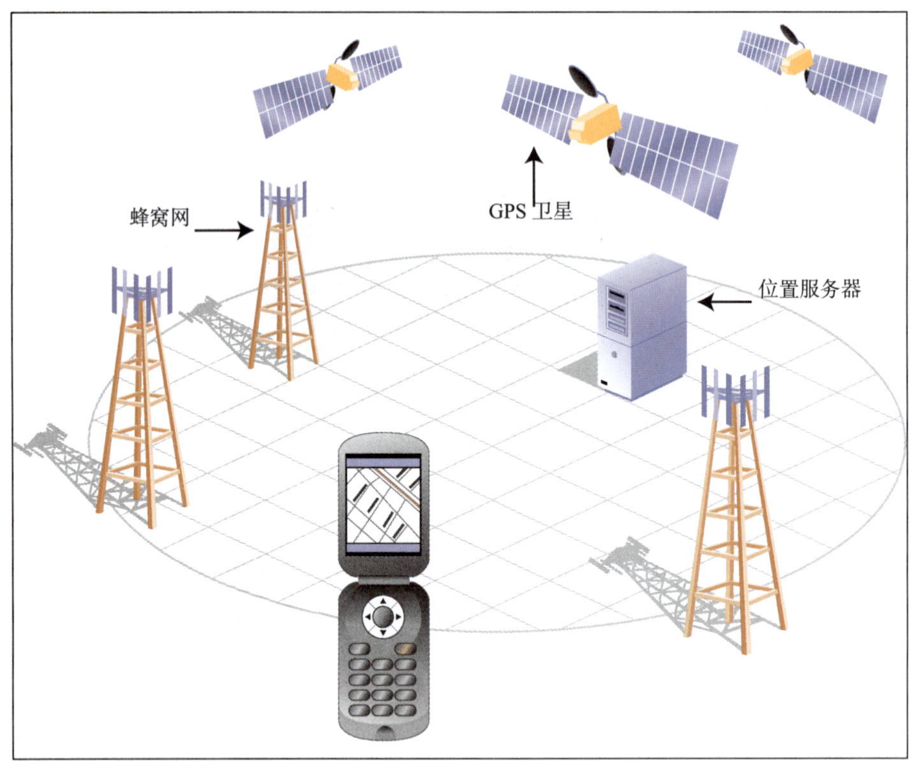

图 7-26　使用辅助 GPS 三角测量用户的位置

(1) 首先，需要创建 `CLLocationManager` 的一个共享实例，这个对象将向应用提供用户的当前位置。先要确保为 RoutesyBARTAppDelegate.m 增加一个 `#import` 语句来包含 Core Location 框架：

```
#import <CoreLocation/CoreLocation.h>
```

然后，为应用委托增加 `CLLocationManager` 的一个实例，如代码清单 7-13 所示，以使应用的任意部分都能访问这个位置数据。还要告诉位置管理器类：我们希望精度可以保持在最接近的百米以内。

提示

如果要求 Core Location 提供很高的精度会存在代价，即将增加设备的电池损耗，所以构建基于位置的应用时应当考虑这一点。应用应当只是在必要时才请求位置更新，而且一旦得到一个可接受的位置就要停止更新。

代码清单 7-13 为 RoutesyBARTAppDelegate 增加一个共享 CLLocationManager

```
+ (CLLocationManager*)sharedLocationManager {
  static CLLocationManager *_locationManager;

  @synchronized(self) {
    if (_locationManager == nil) {
      _locationManager = [[CLLocationManager alloc] init];
      _locationManager.desiredAccuracy = kCLLocationAccuracyHundredMeters;
    }
  }
  return _locationManager;
}
```

(2) 接下来，需要告诉 CLLocationManager 实例你希望开始更新用户的位置信息。把这个代码放入 RootViewController 的 viewDidLoad 方法，这样一来，首次加载车站列表时也会尝试确定用户的位置。

(3) CLLocationMethod 也接收一个委托对象。在这里，我们将 delegate 属性设置为 self，使得用户的位置一旦改变 RootViewController 就会得到通知：

```
CLLocationManager *locationManager =
                  [RoutesyBARTAppDelegate sharedLocationManager];
locationManager.delegate = self;
[locationManager startUpdatingLocation];
```

(4) CLLocationManager 提供了一个 didUpdateToLocation 委托方法，用户的位置改变时就会调用这个方法。由于我们希望按与用户距离远近的顺序对车站列表排序（最近的车站在最前面），所以必须在 RootViewController 中实现这个方法，一旦得到一个位置，应用就可以对车站列表排序。

完成排序之后，还需要重新加载表视图，使表视图的显示更新，如以下代码段所示。可以注意到，以下代码利用位置管理器的一个 stopUpdatingLocation 调用来停止位置更新。这是因为我们已经得到了用户的位置，另外，不再需要更新时如果及时地停止更新，这将有助于延长设备上电池的寿命。

```
- (void)locationManager:(CLLocationManager *)manager
    didUpdateToLocation:(CLLocation *)newLocation
                fromLocation:(CLLocation *)oldLocation {
  [self sortStationsByDistanceFrom:newLocation];
  [self.tableView reloadData];
  [manager stopUpdatingLocation];
}
```

(5) 还有一个技术问题需要处理。由于代码现在声明 RootViewController 起到一个 CLLocationManagerDelegate 的作用，因此还需要在 RootViewController.h 中的协议部分指定这一点。更改以下声明：

```
@interface RootViewController : UITableViewController
                                    <BARTPredictionLoaderDelegate>
```

修改为下面的声明：

```
@interface
    RootViewController : UITableViewController
                              <BARTPredictionLoaderDelegate,
                               CLLocationManagerDelegate>
```

(6) 既然已经有了确定当前位置的代码，现在需要确定每个车站离用户的位置有多远，并使用这个距离对车站列表排序。前面曾引用过一个方法 sortStationsByDistanceFrom，但还没有具体创建，下面就来实现这个方法，如代码清单 7-14 所示。

代码清单 7-14　按与某个位置的距离对车站排序

```
- (void)sortStationsByDistanceFrom:(CLLocation*)location {
  Station *station;
  CLLocation *stationLocation;
  for (station in self.stations) {
    stationLocation = [[CLLocation alloc] initWithLatitude:station.latitude

longitude:station.longitude];
    station.distance =
           [stationLocation getDistanceFrom:location] / 1609.344;
    [stationLocation release];
  }

  NSSortDescriptor *sort =
                  [[NSSortDescriptor alloc] initWithKey:@"distance"
                                              ascending:YES];
  [self.stations sortUsingDescriptors:[NSArray arrayWithObject:sort]];
  [sort release];
}
```

对于列表中的每一个车站，首先基于车站的经度和纬度初始化一个新的 CLLocation 对象。

CLLocation 有一个 getDistanceFrom 方法，它将返回两个 CLLocation 对象之间的距离（m）。由于我们的应用将处理英里而不是米，可以将这个距离除以 1 609.344（1 mile=1 609.344 m）。一旦计算出距离，将它设置到车站的距离属性中，我们将利用这个属性对列表排序。

这里要引入 NSSortDescriptor。基本说来，利用这个 Cocoa 类，你可以创建一个定义来描述希望如何对数组排序。这里创建的 NSSortDescriptor 告诉 sortUsingDescriptors 使用 distance 属性按升序对数组排序。显然，距离最短的车站就是离用户最近的车站，这说明最近的车站会出现在列表的最上面。

说明

> 你可能想知道 iPhone Simulator 如何处理位置检测。Apple 已经巧妙地将模拟器的位置硬编码为美国加州库珀蒂诺的 1 Infinite Loop，这是 Apple 公司总部的位置。

如果编译并运行应用，你会看到应用启动 1 ~ 2s 后，车站列表会完成排序，Fremont 位于列表最上面，因为这是离模拟器最近的位置。

7.6 Routesy BART 画龙点睛

到目前为止，你已经构建了一个非常有用的应用，可以提供基本用途，也就是告诉用户下一列列车何时到达最近的车站。不过，还需要考虑一些很容易实现的细节，它们能够进一步增添 Routesy 的功能。车站表的默认单元格样式不能提供太大帮助，也许还应该为用户显示最近的车站距离有多远。

下面来完成这一点，为车站表视图创建一个定制表单元格。这些步骤看起来可能很熟悉，这是因为为预报表创建定制单元格时我们采用了同样的步骤。

(1) 首先，为定制表视图单元格创建一个类。这个类的代码如代码清单 7-15 所示。这个单元格会显示一个车站，所以将它命名为 StationCell，把它放在 View 文件夹中。要记住，Xcode 提供了一个有用的模板来创建 UITableViewCell 的子类。这个类的代码相当简单。首先，创建两个属性并自动生成读写函数，这两个属性是 stationNameLabel 和 distanceLabel，分别对应单元格将显示的两个值，另外要确保在每个属性的类型前面放置一个 IBOutlet 声明，从而可以在 Interface Builder 中将标签连接到类。

代码清单 7-15　为定制车站表单元格创建一个类

```
//
//  StationCell.h
//

#import <UIKit/UIKit.h>
```

```
@interface StationCell : UITableViewCell {

  UILabel *stationNameLabel;
  UILabel *distanceLabel;

}

@property (nonatomic,retain) IBOutlet UILabel *stationNameLabel;
@property (nonatomic,retain) IBOutlet UILabel *distanceLabel;

@end

//
//  StationCell.m
//

#import "StationCell.h"

@implementation StationCell
@synthesize stationNameLabel, distanceLabel;

- (void)dealloc {
  [stationNameLabel release];
  [distanceLabel release];
  [super dealloc];
}

@end
```

(2) 接下来，为新的单元格创建一个 Interface Builder XIB 文件，命名为 StationCell.xib，将它放在资源文件夹中。这里同样要使用一个空的 XIB 文件，并从库中将一个单元格放在这个文件中。采用与设置 `PredictionCell` 相同的做法，设置单元格的标识符为“station”，并把类设置为之前创建的 `StationCell` 类，如图 7-27 所示。确保你的单元格属性与图 7-27 所示的设置相同。

(3) 现在，将两个标签拖到表单元格，如图 7-28 所示：一个对应车站名，另一个对应距离。将两个 outlet 连接到标签，以便从代码中访问。

(4) 最后，设置 `RootViewController` 来加载新的表单元格，与之前加载预报表的做法相同。你会注意到，在代码清单 7-16 中，我们再一次定义了一个 `createNewCell` 方法，将新单元格的实例加载到表视图中。另外，还必须修改 `cellForRowAtIndexPath` 实现，为所创建的字段设置值。需要说明，我们使用了一个格式化串，将距离的位数“取整”为一位小数，使其显示更为友好。

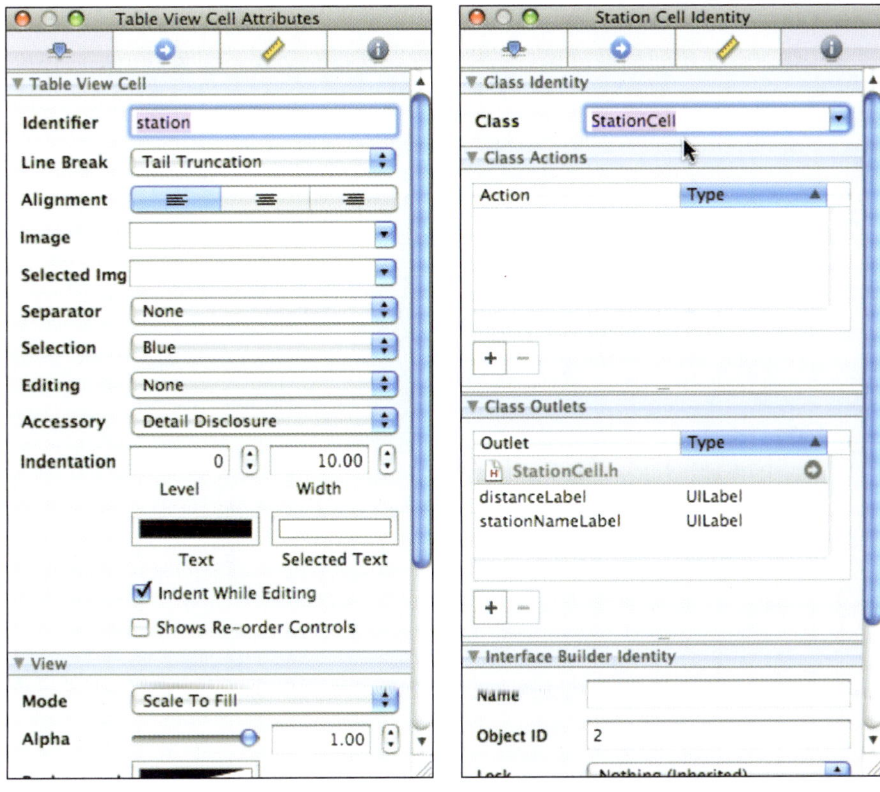

图 7-27　设置车站单元格的属性

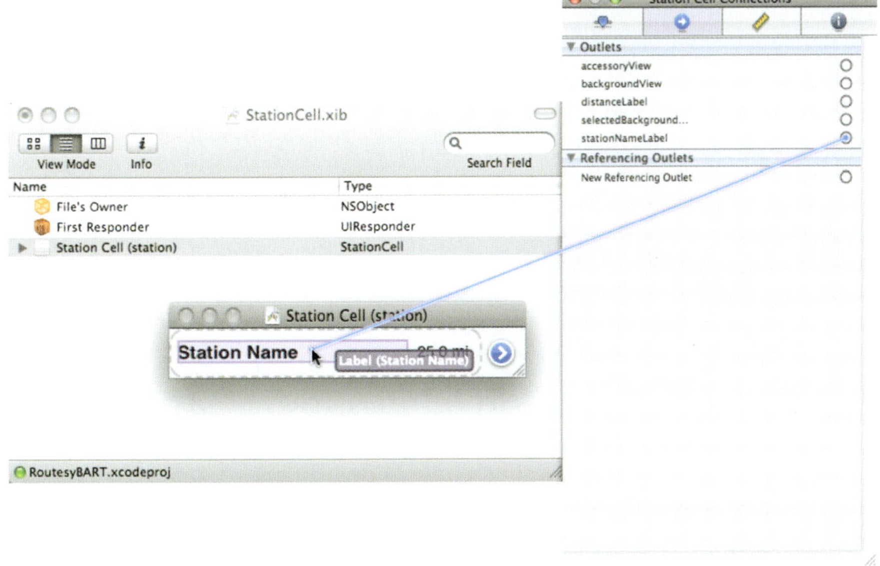

图 7-28　连接车站单元格的标签 outlet

还需要在 RootViewController 上实现另一个表视图委托方法，确保轻击每个单元格上的蓝色小箭头按钮时会使单元格像被用户选中一样。这很有必要，因为蓝色按钮还可以配置为完成其他的功能，而不只是选择单元格。在我们的例子中，我们只是实现了 accessoryButtonTappedForRowWithIndexPath 通过编程选择单元格。

代码清单 7-16 为定制车站单元格建立代码

```
- (UITableViewCell *)tableView:(UITableView *)tableView
        cellForRowAtIndexPath:(NSIndexPath *)indexPath {
  static NSString *CellIdentifier = @"station";
  Station *station = [self.stations objectAtIndex:indexPath.row];

  StationCell *cell =
      (StationCell*)[tableView
                   dequeueReusableCellWithIdentifier:CellIdentifier];
  if (cell == nil) {
        cell = [self createNewCell];
  }

  cell.stationNameLabel.text = station.name;
  if (station.distance) {
    cell.distanceLabel.text = [NSString stringWithFormat:@"%0.1f mi",
                                       station.distance];
  } else {
    cell.distanceLabel.text = @"";
  }

  return cell;
}

- (StationCell*)createNewCell {
  StationCell *newCell = nil;
  NSArray *nibItems =
      [[NSBundle mainBundle]
                loadNibNamed:@"StationCell"
                       owner:self options:nil];
  NSObject *nibItem;
  for (nibItem in nibItems) {
    if ([nibItem isKindOfClass:[StationCell class]]) {
      newCell = (StationCell*)nibItem;
      break;
    }
  }
  return newCell;
```

```
}
- (void)tableView:(UITableView *)tableView
        accessoryButtonTappedForRowWithIndexPath:
            (NSIndexPath *)indexPath {
    [self tableView:tableView didSelectRowAtIndexPath:indexPath];
}
```

构建并编译这个工程时，应用会为用户提供一个漂亮得多的视图，如图 7-29 所示，并同时列出每个车站的距离。

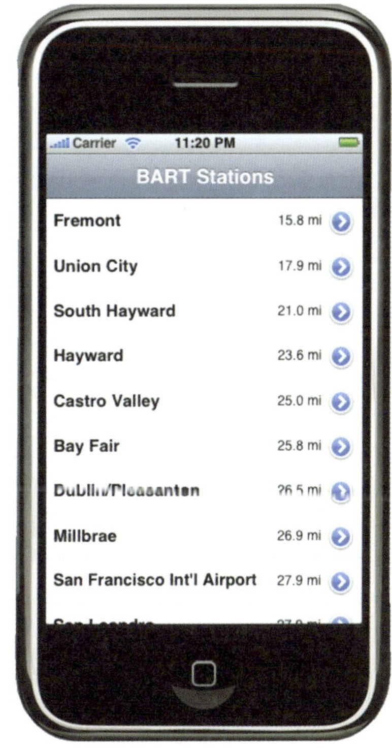

图 7-29 查看附有位置信息的车站列表

7.7 小结

本章，你已经了解了如何获取一个外部数据源并在基于位置的应用中使用，以便为 iPhone 用户创建一个方便的工具。互联网上的海量数据资源可以结合位置并利用始终畅通的无线网络，采用此前从未有过的更为丰富、更具交互性的方式为人们提供信息，这样的例子很多，Routesy 只是其中之一。

这个示例 Routesy 交通预报应用结合了多种 iPhone 核心技术。涵盖的主题包括：

- 使用 UINavigationController 构建一个层次结构的视图集，允许用户在屏幕之间来回移动；
- 使用动态加载的数据填充一个 UITableView；
- 使用 Interface Builder 构建定制 UITableViewCell 视图；
- 使用 NSURLConnection 从互联网异步加载数据；
- 解析从 XML 提要加载的数据；
- 使用 Core Location 确定用户的位置，并对周围场所排序。

如果你构建的应用需要提供基于位置的功能，希望这个示例应用中的内容对你有帮助。我们实现的很多特性在 iPhone 应用中很普遍：从按位置对数据排序到从在线数据源加载内容，都是一些常见的功能。随着构建越来越多的应用，这些任务会变得越来越熟悉，相应地也会越来越容易。祝你好运！

手机号码：________________（此为会员编号）

姓　　名：________________　　性别：□男 □女　　出生年月：____年__月

通信地址：____

邮政编码：____

电子邮件：____

您购买的图书是：23651 /《精彩iPhone炫酷开发：七位一线高手的编程和设计范例》（59.00元）

您获得的会员积分是：5.9 分

欢迎参加“**有奖DEBUG**”活动。提交本书勘误，每确认一处即可获赠积分5分。详情见图灵网站。

请沿虚线剪下此页，寄回图灵公司，即可成为图灵读者俱乐部的一员（复印无效）。**积分累计，可获赠书**（赠书清单见图灵网站）。

邮政编码：100107

通信地址：北京市朝阳区北苑路 13 号院 1 号楼 C603

北京图灵文化发展有限公司　图灵读者俱乐部

图灵最新重点图书

书名：JavaScript高级程序设计（第2版）
书号：978-7-115-23095-9
- JavaScript经典教程
- Amazon超级畅销书
- 前端开发人员必备

书名：UNIX网络编程 卷2：进程间通信（第2版）
书号：978-7-115-23028-7
- 世界顶级网络专家传世之作
- 网络编程权威参考

书名：C语言接口与实现：创建可重用软件的技术（英文版）
书号：978-7-115-23113-0
- 从C语言新手变成高手的必读之作
- UNIX和网络专家Stevens力荐

书名：人月神话（英文版）
书号：978-7-115-23268-7
- 图灵奖得主总结软件项目实战得失
- 软件工程领域35年畅销不衰的经典
- 软件人业人员不可不读的宝书

书名：编程珠玑（英文版·第2版）
书号：978-7-115-23260-1
- 计算机科学的不朽经典
- 融深邃思想、实战技术与趣味轶事于一炉的奇书
- 字字珠玑，意味隽永

书名：赢在设计：网页设计如何大幅提升网站收益
书号：978-7-115-22941-0
- 揭示网站设计盈利秘诀

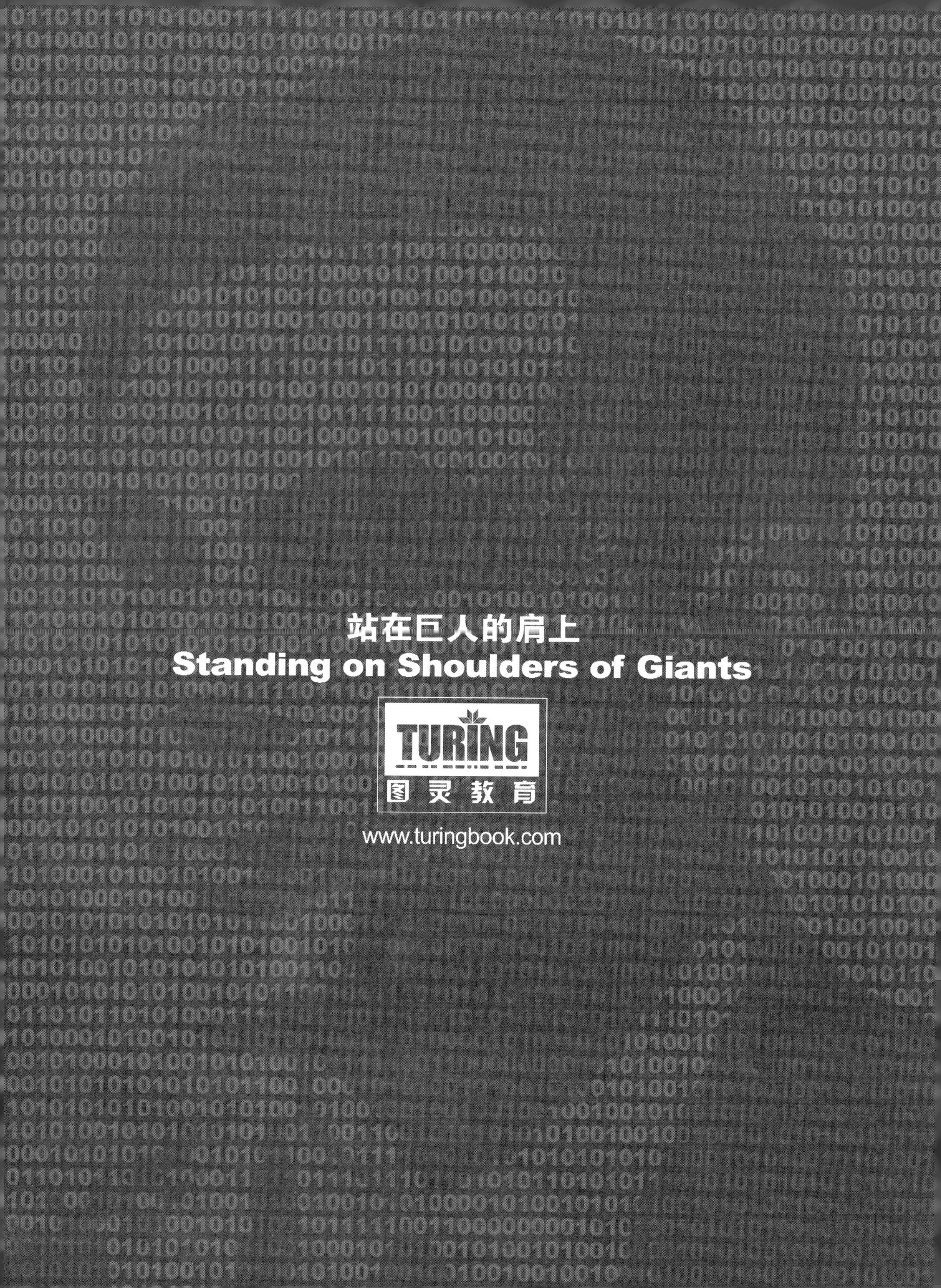
站在巨人的肩上
Standing on Shoulders of Giants
TURING
图灵教育
www.turingbook.com

站在巨人的肩上
Standing on Shoulders of Giants
TURING
图灵教育
www.turingbook.com